意·象·京都

感受京都空间的十二个关键词

[日] 清水泰博　著

黄怡筠　译

张珀祇　核校　李光宗　审订

浙江人民美术出版社

图书在版编目（CIP）数据

意·象·京都：感受京都空间的十二个关键词 /
（日）清水泰博著；黄怡筠译. -- 杭州：浙江人民美术
出版社，2025. 2. -- ISBN 978-7-5751-0455-5

Ⅰ. TU-863.13

中国国家版本馆 CIP 数据核字第 202485ZA43 号

本书中译本由蔚蓝文化出版股份有限公司授权

合同登记号 图字：11—2020—503

责任编辑：洛雅潇
助理编辑：潘君亭
责任校对：董　玥
责任印制：陈柏荣
装帧设计：何俊浩
核　　校：张珀祇
审　　订：李光宗

意·象·京都：

感受京都空间的十二个关键词

[日]清水泰博 著　　黄怡筠 译

出版发行		浙江人民美术出版社
地	址	杭州市环城北路177号
经	销	全国各地新华书店
制	版	浙江新华图文制作有限公司
印	刷	杭州高腾印务有限公司
版	次	2025年2月第1版
印	次	2025年2月第1次印刷
开	本	889mm×1194mm　1/48
印	张	5.666
字	数	115千字
书	号	ISBN 978-7-5751-0455-5
定	价	58.00元

版权所有，侵权必究。如发现印刷装订质量问题，影响阅读，请与出版社营
销部（0571-85174821）联系调换。

前　言

东京艺术大学有一门课叫做"古美术研究旅行"。

这门课主要带大家造访京都、奈良的历史遗迹，我在学生时代也参加过。在为期两周左右的课程中，需要非常专注地欣赏古美术，因此会使人感到相当疲惫。不过以我本身的经验来看，这趟旅行的体验在将来起到了很大的作用。这门旅行课程始于何时不得而知，但是同样毕业于东京艺术大学的父亲说，这门课在他的学生时代似乎就已经是例行课程之一，至今东京艺术大学的各个科系也仍在继续实行。

在创业的过程中，我在京都成立了设计事务所。但在把京都当作活动据点之外，我也经常受邀为设计专业的学生讲解这门古美术研究旅行的课程，讲课地点就在学生们所住的酒店里。名为讲课，实际上我只是准备一些幻灯片，介绍我个人喜欢的地方而已。不过后来我成了专职讲师，为了更好地给学生讲课，我决定按照自己的方式再整理一下。不是单纯地罗列介绍个人喜欢的地方，而是建立更成体系的讲解方式。于是我考虑通过关键词整理出日本的空间特性。

至今这项整理工作仍在继续，还算不上是完成。当我向光文社的小松现先生说起这件事时，他提出建议，问我是否愿意把整理出的讲课内容写成书。我知道这些内容有相当多主观性的部分，不过我仍决定试着将其整理成书。

虽然我对其他国家的空间并没有深入的研究，但是总感觉在日本的空间中，存在一些其他地方所没有的特征。

对于这些空间特征的形成原因我还不是很理解。但我想应该就是由各个地域的物质（素材）和当地的气候（风土），以及人们的信仰（宗教），创造出各个地域的空间形式。也就是这些因素通过混合，构建出各个地域独有的文化。

我出生于京都，即使我在东京时也经常回京都的家，但就在两年前它不存在了。加上大学教职的关系，我的生活和工作据点完全转移到了东京。

我十分留恋在京都生活时日常散步的清水寺、泉涌寺一带，这也让我在决定要离开京都时非常犹豫。正因如此，现在只要我有机会回到京都，就会尽量四处走走，这已经变成了我的习惯。话说如今只要我人在京都，就会腾出比过去更多的时间四处漫游（当我在东京上大学时也曾是如此）。

其实凡事往往都是这样，因为觉得身边的风景随时都可以前往，所以并不知这一切是如此的珍贵。离开京都后思念更加膨胀。即使有些地方已经去过好几次，仍会再次造访（比如泉涌寺的门前等地方，在京都时不知去过多少次了），并且还会有一些新的发现。我想，像这样不论看几次都不会厌倦的感觉，大概只有空间密度如此恰到好处的京都，才会如此吧。

关于本书，接下来的话可能看起来像是在辩解一样，由于我不是历史专家，尽管对于书中内容所涉及的历史部分做了一些调查，但说实话并不充分。

书中列举的很多庭园都是由自然景物构成，我知道现在的景象当然不会是当初的样子。因此书中所描述的都是我个人认为的当下京都的美好空间。也就是说，我们现代人能体验到的只是当下的空间，所以，本书旨在从我个人的观点来描述这些地方。

书中列举的地方都是围绕着一些关键词挑选出的，无法只用一个词来表达的地方会重复出现。虽说都是我十分喜爱的地方，但我打算尽量从不同的角度重新描述它们。即便如此，读者们可能还是会对某些部分感到疑惑。对此，还请多多包涵。

此外，本书分为十二章，每一章都是独立成篇，所以可以从任意一章开始阅读（书末附有索引，读者们也可参照着阅读）。

目录

第一章

分隔再连结

　　日本的神社原型伊势神宫和出云大社给人的感受是，每往前走一步，就越让人预感到在接近不同的领域（神域）。首先，石灯笼等作为一种标志物，它告知来者已踏入与之前不同的领域，然后每穿过一座鸟居，就会让人意识到进入了一个新的场域。这样的空间通过逐步让人认知到正在走向深远处的神的场域来构成。

　　这种空间构成在京都的古老神社空间中也能感受到。虽然可能没有伊势那样的深邃，但都充分利用了各自神社所在地点的特性。

结界

连结两个不同的世界

鸟居这类结构扮演着"结界"的功能。结界原本是佛教用语，也就是将神域与世俗两个不同的"界"连结在一起的意思。换言之，将分隔开的"界"连结在一起的地方就是结界。当我们在神社欣赏建筑物时，要记得自己置身于一个不同性质的空间，鸟居、石灯笼这些标志，就在时刻提醒我们这一点。我不知道"结界"作为佛教用语为什么会经常出现在神社的空间概念里，或许是因为信仰对象相似的话，在空间的营造手法上也有相似之处吧！

在神社里也有"无法被连结在一起"的空间，也就是神域，其周边会围上"注连绳"。神木被视为具有灵性的树木，所以神木也围着注连绳，似乎在拒绝人的触摸，让人难以靠近。

宛若一种默契，我们通过父母自然而然地了解到遥远的祖先对此类空间结构在意义上的认知。这种认知仿佛是一种基因，日本人很小的时候就能明白其中的道理。

此外，空间内也配置有小河，代表着"无法到达的彼岸"。小河上架着桥梁，把两个不同的世界连结在一起。鸟居是一种比较温和的分隔方式，营造出人穿越空间的感觉。桥与鸟居都代表结空间的结界，是一种帮助人尽量靠近神祇的设计。还有，神社的建筑与周围的区域，也刻意将地面设计出高低差，或以阶梯来表现高度上的差异。

神社在空间的营造上，一方面创造出让人尽可能接近神的空间，另一方面也渲染出人对未知领域"憧憬""祈愿"的气氛，其中还掺杂着无法被连结在一起的提示。就这样，在有限的空间里建构出了人对神的信仰氛围。

本章，我将针对这类结界创造出的空间进行深浅排列，并对以包围的方式塑造出空间的象征氛围的一类神社空间展开进一步介绍。

象征

神社

神社最初是神的象征。自古以来，我们仿佛能从大自然中看见神的存在，一直把能让我们感受到灵性的大自然视为信仰的对象。这些信仰有一个共通之处，就是在环境的营造上，追求打造出能让人感受到奇妙能量的空间。我觉得在内心深处，我们不但能感受到这种奇妙的气氛，还崇拜着这种气氛。这样的态度，可从我们认为的磐石这类充满神圣感的岩石，或是瀑布、神木、别有特色的山陵等当中存有神祇的思想里得以窥见。

过去，人们在山岳等让人感觉有神存在的地方举行祭祀典礼时，都会建造一座邀请神祇莅临的暂时性场所，让神在祭祀活动的期间有一个降临停留之处，这似乎就是神社的起源。当时所建造的祭坛被称作神篱，会以注连绳等环绕起来，打造出一个神圣的空间。这种临时性的场所后来逐渐成为常态，成了一直有神祇停留、存在的空间，这可能就是早期神社形成的缘由。

位于日本各地的神社可能因为有总社与分社的存在，所以不怎么神秘，但京都除外，此地历史悠久的神社在各自的空间中有一套固有传统，因此充满了自然的神秘气氛。通常，之所以选择某一场所来建造神社，正是因为那块土地让人感受到了某种神性。而且，神社在空间的结构上更是用心打造，让这种神性的气氛得以提升增强。

下鸭神社——神秘的森林

这座神社的历史悠久，可以回溯到平安京[1]时期以前。下鸭神社的起源，是为了祭祀日本天皇迁都到平安京之

1　平安京为从公元 794 年到 1868 年之间的日本首都。——译者注（如无特别标示，本书页面下方的注释均为译者注）

前、负责掌管此地的豪门贺茂氏家族的贺茂之社。据说早期，下鸭神社与今日的上贺茂神社是合并在一起的，直到奈良时代[2]才独立为今日分立的状态。

下鸭神社位于一座人称"纠之森"的森林中。这座森林是古代山城北部森林地带的一部分，也是历史上极为珍贵的一座森林。想必在神社创建之初，这座森林的规模应更为宏伟，把神社团团环抱其中。我认为这座神社的形态与伊势神宫很类似。正因如此，一直到今天，这座神社与森林之间依然维持着密不可分的关系。通往神社的参道位于森林里，穿过森林即可见到神社的殿堂，整个空间结构让人仿佛穿越了悠久的历史时空，随即来到森林深处的神社，带给参访者一种庄严的感觉。

如今在纠之森的入口处没有鸟居，森林本身就宛如一个异空间，走进森林就如同进入了另一个领域。事实上，原本的鸟居位于现在森林往南一点的住宅区中，因为森林周边不断兴建房子，所以森林被蚕食了一块，变成今日的模样。

漫步在这座森林中的参道上非常舒服——阳光穿透树叶的缝隙洒落到地面上，光线就像摇曳在地毯上一样。参道两旁有小溪，潺潺流过浅滩，整个空间让人身心舒畅。在这片神社区域内有一座御手洗社，社前有一条"御手洗川"流过。参道旁的小溪即是源于御手洗川，只是

2　公元710年到784年间。

下鸭神社·阳光透过树叶的空隙落在纠之森的参道上

流入森林以后改称"濑见小川"。

沿着小溪前进，在森林的一个开阔处可见到一座正红色的鸟居。

在一片绿油油的世界之后，这座鸟居意味着一个新的结界，为参访者创造出另一种期待感。鸟居内侧除了红色的鸟居外，地面上还铺着白沙，四周绿荫环绕。经过这个空间以后，就会进入位于中央的神社殿堂。位于森林彼岸的神社充满了不寻常的气氛，让人觉得自己置身于一个不属于世俗的空间当中。在这个空间里，充满着鲜红、洁白与郁绿。

纠之森内原本有清泉涌出，被认为是鸭川水源地之一，自古以来便是当地人信仰的圣地。而人们也相信这样的涌泉之地（御手洗池）是生命的源泉，可能也因此创建了这座神社。

如今，涌泉之地的上方建有下鸭神社的附属神社——

下鸭神社·井上社和御手洗池

井上社，从井上社下方涌出的泉水汇流成御手洗川，再流入纠之森中。

　　神社区域本身是一个独立的空间，同样给人一种与世隔绝的神圣感。此外，空间内还设有跨越御手洗川的"轮桥"，更凸显了只要继续往里走，离神的领域就更加接近的氛围。

　　神秘的森林、森林中涌出的泉水与河流，对古人来说，已经足以营造出有神存在的气氛。

河合神社——拥有方丈之庵的神社

　　河合神社为下鸭神社的摄社[3]，位于纠之森中濑见小

3　附属于本社的神社，地位介于本社与末社之间。

河合神社内的"方丈之庵"

川的西侧，要从纠之森的参道旁的鸟居进入。虽然是森林中的小神社，但是气氛相当好。在神社区域内，有一处类似前院的场所，由此处从东西两侧进入神社时，必须钻过一座像寺庙三门结构的门，形式十分有趣。

这座神社被视为蹴鞠的起源地，而且也与《方丈记》的作者鸭长明（1155—1216）有一段渊源。

正因这个渊源，神社里兴建了一座按照鸭长明的设计而复刻的方丈之庵。鸭长明出生于下鸭神社的神职家庭，他在辞掉公职并出家退隐到大原后，为了方便到各地云游，设计出了一种便于搬运组装的立方体房子，门面、地板都是一丈四方（面积约是5张半榻榻米），取名为"方丈"。方丈之庵架设在一座土台地基上，周围竖立着柱子。边上的解说板写道，柱子结构是为了方便移动，方丈之庵的设计灵感其实源于下鸭神社的式年迁宫（参照第六章）。

上贺茂神社——遥祭山陵的场所

上贺茂神社与下鸭神社差不多在同一时期建成，神社的神体山[4]是一座形若倒盖的碗状神山，位于神社朝北约一千米处，传闻曾有神明降临在这座山上。据说神社尚未兴建之前，人们把那座山视为神体，举行祭祀典礼，后来才在山麓兴建了神社，此为上贺茂神社的起源。如今，神社的本殿就位于曾经遥祭那座山的典礼所在地。

如今神社的第一座鸟居位于停车场和公车总站的北面。我想，很早以前这里的"空白场所"应该更为宽广。穿过第一座鸟居之后有一片如茵绿草，草地之后是第二座鸟居。这就是进入神域前的空白场所，就像神社前院一般的空间。

在这片空白场所当中，意境最深远的是空间东侧的奈良小川一带。《小仓百人一首》中有一首藤原家隆的和歌描述了这条小溪——"微风轻吹／楢树叶摇摆／奈良小川的黄昏／净身仪式／代表着夏天的到来"，其歌咏的是上贺茂神社举行"夏越祓"的情景。今日的溪畔依然留有石阶，可以让人走进溪中，我们能轻易地联想起古时

---

4 神明停驻的山。

上贺茂神社·第一座鸟居

上贺茂神社·奈良小川

的景象。不同于广场型神社拥有的开阔参道，奈良小川一带则是由浓厚的绿荫与流经的溪水所构成的空间，充满着凉爽的气息。

朝神社、神殿建筑的方向迈进，经过两座鸟居后，空间里的气氛又陡然转变。在远方出现的是细殿，细殿前有一对圆锥形的立砂。传闻这对立砂是模仿天神降临神山的情形，不过这对立砂的顶端很尖锐。虽然立砂的形状与枯山水庭园中常见的盛砂类似，但沙子的颗粒很细，属于更为人工化的设计。

继续往细殿方向前进，我们还会遇到一条小溪，这也是另一个结界。这条小溪是奈良小川的上游，往东分流成御物忌川，往西分流成御手洗川。御物忌川上有一座"玉桥"，走过这座桥后有一座漆成朱红色的楼门，连接着左右迂回的回廊。楼门在上贺茂神社中非常醒目，在它之后还有本殿与权殿等建筑物。

透过这段文字的描述，想必读者都能察觉到，光是这么一段路程，就经过了好几道不同的结界。结界的尽头，为的是呈现这一座神社。

自古以来"贺茂之社（下鸭神社与上贺茂神社）"就会举办的葵祭，起源于奈良时代以前，而平安时代常说的"祭"指的就是葵祭。直到今天，葵祭依然在每年的5月15日举办。《源氏物语》一书中，有为观看典礼而争夺车轿座位的桥段，其中提到的典礼就是葵祭，由此也可从京都的历史剖面中一窥葵祭悠久的历史。

大田神社——山脚下的结界

大田神社是上贺茂神社的摄社，我认为这座神社展现了早期神社与土地之间的密切关系。这座神社的规模很小，至今神社后方仍是层层山陵，让人联想到山是神社的根源。

事实上，这座神社的历史比下鸭、上贺茂两座神社还要久远。大田神社位于京都的平地（盆地）与山的交界处，四周群山环抱，当初应该是为了祭拜山神而兴建的。在古人的思想里，相比人所居住的平地世界，神社后面广阔深幽的森林里一定住有神明。

大田神社的空间构成包含了面向山的参道、鸟居和本殿，三者近乎成直线地往上延伸，结构极为简洁。其中，只有本殿略微偏离轴线。如此的神社结构让人感到置身当地的自然之中，还营造出了空间上的留白效果。

沿着参道向神社前进，途中会穿过鸟居，还能看到好几对石灯笼。然后继续登上数级石阶，再往前走就是本殿，而神社就位于本殿后方。穿过鸟居之后的参道上方，一路都覆盖着树木的枝叶，更加凸显了这片空间的神圣氛围。

这座神社在每年5月燕子花的花期时会迎来不少观

大田神社·由参道眺望深处

光客，其他时节少有访客。我则喜欢在人少的时节前往，可以鉴赏空间原有的样貌，享受乡间的宁静氛围。

木岛神社（蚕之社）——三柱鸟居的神社

这座神社在京都以"蚕之社"之名广为人知。4世纪左右，秦氏东渡日本之后建造了木岛神社，故这座神社在平安时代以前就已经存在。之所以被称作蚕之社，源于秦氏带来的养蚕技术。而"木岛"则得名于此处的地形——这片在平野之上的茂盛森林就像浮于大地上的"木之岛"一样。森林中有泉水涌出，也正是托泉水之福，这片平原才得以长出茂密的树林。对古人而言，这般景象让他们看见了神的存在，个中道理与下鸭神社的诞生完全相同。

此外，这片森林还被称作"元纠之森"，大概是因为这片森林的位置比下鸭神社的纠之森更接近泉水的源头。与下鸭神社的情况类似，以前这里也存在着一片比现在规模更大的森林。

走进神社前，必须先穿过白木鸟居，再走过一座石桥。经过沿途两侧排有石灯笼的石子路后，才能抵达举行祭祀典礼的拜殿。拜殿前有一片空旷的区域，但经过拜殿以后，整片空间就都被茂密的树叶覆盖了。

再登上数级石阶，就可见位于深处的本殿。一般而

木岛神社·从路边的鸟居眺望空间的深处

言，信众会在看得见本殿的地方进行参拜，但木岛神社的本殿在拜殿的后方，而且要登上石阶才看得到。如今的本殿位于密林之中，不过当年的树林规模应该更为庞大。正因木岛神社拥有这样的主要建筑构成，所以人在真正参拜本殿以前必须经过好几处结界。不过，木岛神社中最令我感兴趣的还是位于社殿西面的三柱鸟居。我认为这座神社的起源应该就在此处。

三柱鸟居正如其名，是一座有三根柱子的鸟居。我原本以为全日本只有这里才有独一无二的三柱鸟居，但经过调查才知道，全国各处其实都有三根柱子的鸟居。虽然这类鸟居为数不多，但这调查结果真让我感到惊讶。

木岛神社的三柱鸟居位于已经干涸的"元纠之池"当中。过去，池子一年四季都有涌泉，但大约从 10 年前就开始停止冒水，留下干涸的元纠之池。

木岛神社·三柱鸟居

　　最早三柱鸟居应该是建在涌泉位置的上方，以感恩泉水的涌出。因为涌泉孕育出了这片森林，当时的人们仿佛见到了生命的源泉。于是，他们效法以注连绳围住神圣土地的做法，在涌泉处竖立起鸟居，将元纠之森以及这片地区划为神域。

　　但鸟居为什么需要三根柱子，这仍然还是个谜。日本随处可见以四根柱子围绕神域的做法，但对于这类三柱鸟居，至今依然众说纷纭，没有确定的答案。

　　另一方面，元纠之池的枯竭被归因于近年来周边住宅区的开发以及道路的修建铺设。实际上，京都到处都有类似的情况发生，1300年来都不曾停歇的涌泉干涸也只不过是这10年发生的事。从这件事当中，我在想到京都悠久历史的同时，也可想见其现代化破坏环境的速度之快。当地居民目前正在进行多方尝试，希望可以让干涸的涌泉再生。

伏见稻荷大社——稻子之神·农业之神

在各式各样的日本神社当中，稻荷神社的数量最多，据说高达 3 万间。稻荷信仰在日本东部之所以尤为兴盛，是因为东渡日本的京都地方豪族秦氏家族，当初是在稻荷山祭祀农耕神的。

这种稻荷信仰的大本营就在伏见稻荷大社，初创至今已有将近 1300 年的历史。稻荷神从日本开始栽种稻米

伏见稻荷大社

连续的鸟居

伏见稻荷大社　供奉的鸟居像瀑布一样绵延

以来就被当作稻米之神，也是农业之神。但不知从何时起，稻荷神成了所有产业祭拜的神。

　　搭车前往伏见稻荷大社，一出铁路（JR）稻荷站即可见到第一座鸟居，穿过这座鸟居后进入的参道就是表参道，随即就可见第二座鸟居。这两座鸟居都是通往神域的结界。但是伏见稻荷大社最值得一看的还是千本鸟居，即一连串鸟居连续排列所构成的有趣景象。

　　鸟居乃是信众为了让祈愿之事得以实现，或实现后向神明表达谢意而向神社供奉的构筑物。从江户时代以后，这种供奉鸟居的习惯逐渐普及，目前这里大约有一万座鸟居沿着山路排列开来，景象十分壮观。

千本鸟居汇聚了如此多关乎现世利益的愿望，比如生意兴隆、产业繁盛、家人安康、交通安全、学艺进步等。此番因人类欲望而构造出的绵延不断的壮观空间景象，会让走在这条山路的人产生恐惧的感觉。

里面所有的鸟居都上了朱漆，一方面朱红色被认为是对抗恶魔的颜色，另一方面朱漆也是木材的防腐剂。大部分神社的鸟居都代表着空间意义的改变，但是在这里，一万座紧邻的鸟居让这份意义变了调。

贵船神社——会产生"气"的场所

贵船神社位于京都郊外的北山，靠近贺茂川上流水源地的贵船川岸边。有人说这座神社的起源与自下游溯河而上的船只有关。因为此社有船舶相关的史迹，所以认为这里是与船舶有关的场所。据说在创建这座神社的奈良时代以前，那里就存在一股神奇的"气"，直到今天，此地依然能让人感受到特殊的气场。

贵船川的水流如今格外清澈，因为能在"川床"食用料理而闻名，一到夏天更是游人如织。其他季节则有些冷清，不过淡季来访才能更好地体会到这里的氛围。

贵船神社分为本宫与奥宫，两处相距不远，规模也都不大。本宫原在今日奥宫所在之处，但很早以前被洪水冲毁，才会在如今所在的地方重建。不过，重建也是平安时代的事了。今日的贵船神社早已成为观光胜地，周遭兴建了料理旅馆等设施，失去了原本的风貌。

在贵船川边建造神社，是因为此处是鸭川的源头，可以想见当时人们认为神社应尽量靠近水源而建的道理。神社中最能让人感受到气场的地方，应该就是奥宫了。如今神社中的步道当初是山路形式的参道，那时人们为了寻找鸭川的源头，沿着河川旁的山路向前，最终抵达这个充盈着"气"的地方（而建造了神社）。神社原本给人的感觉不正是如此吗？水声潺潺之中有一处神圣崇高的地方，不禁让人想到这就是贵船神社的缘起吧！

贵船神社·本宫的参道

贵船神社·奥宫，左手有"御船形石"

第二章

隐喻

　　"隐喻"（日语原文"見立てる"）的意思，是指看到某事物背后的另一种存在，不只看事物原本的样子，而是将其与另一种存在重合叠加的一种事物的观看方式。这个词本来是从汉诗、和歌的修辞手法中来的文学用语，但千利休[1]活用了"隐喻"的逻辑，将日常生活用品借用到茶具之中，因此，在茶道中可以看到各种"隐喻"的用法。

　　如今"隐喻"已经很普遍，但当初千利休开始活用的时候，应该是非常新颖的想法。他将各种物品用作茶碗等道具，例如将原本是朝鲜半岛的杂器的高丽茶碗作为侘茶[2]的道具。此外，在茶室的设计上，他参照乘船时用来进出的潜入口来设计茶室的入口（躏口[3]），又或是将农村常见的露出底层材料的窗户，设计为茶室的下地窗[4]。

　　这种手法打破了以往的常识，后来在各种文化中都能看到这种"隐喻"，这让我觉得这种"隐喻"可能就是日本文化本身。因为在各种场景都得以窥见。我感觉好像日本人不知从何时开始，自然而然地进行着这种"隐喻"。我想，这种手法的萌芽其实源自古代的自然崇拜，就像能在自然界各种事物的背后看到神灵一样。

1　日本战国时代后期、安土桃山时代著名的茶道宗师，被日本人称茶圣。

2　崇尚简约精神的茶道。

3　茶室的小矮门。

4　茶室的窗户形式，以竹子或芦苇编织的格子窗户。

自然的"隐喻"

自然崇拜

我们对自然的认识可以说就是对自然的崇拜，这可能是不知不觉当中养成的一种习惯。例如，见到神木或巨石时，我们会感觉到神圣。同样的，在面对地形特殊的山或瀑布时，也会如此。大自然充满神圣的氛围，仿佛可以从中看到"神"的存在。虽然我不知道这种感觉始于何时何地，但是这很自然地早已是我们日本人基因的一部分。

我曾经参观了一位艺术家的个展，在现场看到地板上铺满了白米。当时感觉像是自己做错了什么事，脚始终无法踏上那片地板。换个角度来想，当时我感觉到的，其实是不可以踩在米上，因为在认知当中米和神是一体的。我想不仅是我，这种认知应该在所有日本人的思想当中都是共通的。也就是说，我们还有着作为农耕民族所具有的潜意识。本章，我也将从一些仿佛可以从大自然中感受到有神存在的地方开始介绍。

神木

谈到神社里常见的神木，我脑海中立刻浮现过去住在京都时，家附近的新熊野神社（今熊野神社）中有一棵巨大的香樟。另外，新日吉神社中也有一棵巨大的石栎。传说在平安时代，新熊野神社的香樟在一夜之间就长成巨木，而这座神社也是京都熊野信仰[5]的中心。这类巨木在其他神社也有很多，都会以注连绳环绕，所在处会被列为神圣的地方。贵船神社的连香树也是其中之一。

这些神木的共同点就是都非常巨大，而且树的形态也与一般的树木不太相同，让人感受到一股不可思议的力量。面对这些与众不同的树木，我们经常会抱着敬畏的态度，或许正是因为感受到树木本身存有神的力量吧！

新熊野神社中的香樟

贵船神社中的连香树

---

5 以熊野地区的熊野本宫大社、熊野速玉大社、熊野那智大社为信仰对象，被称作日本人信仰的起点。

这里就不一一列举拥有神木的代表性场所了，毕竟神木不仅存在于京都的神社，在日本各地的神社都屡见不鲜。

山

讲到京都的山，很多人都会提到比叡山或爱宕山。因为这两座山分别位于京都的东边与西边，充分凸显了京都的气质。尤其是位于京都东北角的比叡山，被视为京都的鬼门[6]，所以延历寺就建在了那里。

不过除此之外，京都还有其他的山也存在各种形式的"隐喻"。例如，上贺茂神社以北两千米处的神山，其形状如倒盖的碗，令人印象深刻，与周边其他的山非常不同，因此古人们认为这座山有神灵存在。

这类山被称为"神奈备山"[7]，奈良的三轮山同样被认为是有神降临或居住的山。正因为有了这座神山，上贺茂神社才被选址建造，如今人们依然会朝着神灵的方向（神山所在的正北方）祭拜。

位于京都南部的"男山"同样也是一座神奈备山。从京都向大阪望去，只有男山醒目挺立，这也是它唯一

6　日本将东北方向称之为"鬼门"，是很忌讳的方位。传说鬼门为恶鬼出入的场所，鬼门打开会给人类带来不祥与灾难，建寺庙以镇守鬼门。——编者注

7　在日本神道的山岳信仰中，认为有神镇守的山。

隔着贺茂川眺望神山

的特征。与京都东北角的比叡山（延历寺）对峙，男山位于京都西南角的里鬼门方位，所以在那里建造了石清水八幡宫以祭祀。

岩石、磐座

磐座被认为是有神降临的岩石，直译的意思是"用岩石打造的神的座椅"。磐座并非神本身，只是一个与神有关的空间或场所。这样的场所不是神明本身，却因为来自远方或大自然中的神灵曾降临，也成了人们祭拜的对象。虽然并不知道这样的思考方式是否为日本独有，但我觉得非常有趣。而且，这类空间周围通常会以注连绳环绕祭祀，让人意识到这是一个特别的场所。

对于人们把神降临的场所而不是神本身作为信仰对

宇治上神社的磐座

象这件事，我深感兴趣。我们日本人在举行祭祀典礼时，会将深居遥远世界（人类难以到达之处，如深山的山顶、海对岸的世界、天上等）的祭拜对象迎接到这个"座席"上，而典礼以外的时期，都会将神降临的场所视作信仰对象。

我们经常以"降临""寄宿其中"来指代这类场所，然而磐座只是神暂时"附身"的媒介，从前的人把这类媒介称作"依代"（神灵依附的对象物）。

新造建筑物时会举行的"地镇祭"就是一个例子。地镇祭为神道教的仪式，是对土地表达敬意，并请求土地神宽恕并同意人们使用那片土地的祭祀典礼。举行这项仪式时，会设置一个临时的祭祀场所，向神祈祷庇佑工程顺利。为了准备好这样一个场所请神降临，人们会在土地中央竖起四根青竹构成正方形，然后用注连绳围起来，并在中央竖立作为依代的榊木（即杨桐的小枝）。

即使在科技发达的现代，在新造高科技建筑前还是会举行地镇祭，这本身就很有趣。

森林与泉水

森林与泉水或许是无法分割的一体。像神社这样作为信仰对象的空间或场所周围，大多同时存在森林与泉水。反过来看，或许有泉水涌出的地方就会孕育出森林。正如第一章所介绍的，这些地方建造了很多神社。

庭园中的"隐喻"

描绘理想之乡

最能代表庭园文化的池泉回游式庭园，正是运用"隐喻"手法的宝库。日本庭园常以"水"为主题，甚至可说是"水的主题公园"，无论哪种庭园都以水来描绘某个世界、某种风景。即使在没有水的枯山水庭园里，也会用白沙比作水，打造庭园。

在这类以水为主题的日本庭园中，可以看到很多"海的风景"或"岬角的风景"。尤其对于岛国日本而言，海的彼岸经常被描绘成理想之乡、神佛的世界，或是死后的极乐世界。因此，庭园的水池中央会出现"蓬莱山"之类的造景，代表长生不老的理想之乡，或把岬角的造景视作与另一个世界的连接。

说句题外话，这种以打造庭园作为呈现文化的方式，应是定居民族所特有的。毕竟对于经常迁移的狩猎民族来说，庭园完全没有必要。由此想见，日本庭园是在农耕民族定居以后，鲜有遭遇外敌入侵，且生活长期稳定的情况下而诞生的。在安定的生活环境下，农耕民族开始祈求长生不老，向往海洋彼岸的理想之乡，就在庭园中打造了这样的意象。

日本自然环境优美，气候四季分明，因此在庭园的设计上也着重效法大自然四季变化的景色。在平安时代所写的书籍《作庭记》里就有记载："凡立石，须先晓其大旨。一、依地形、顺地状；于其要处，巧设风情，参照自然山水，随宜因之而立石。"[8]（摘自田村刚《作庭记》）书中谈到从自然中借景的重要性。于是，如今我们观赏庭园，应先去解读所隐喻的自然风景是何种意义。

我想介绍森冈正博先生在著作《隐喻的逻辑学》（『見立ての論理学』）中的一节，这里他把"隐喻"的概念描述得非常清楚。

---

8 摘自张十庆《〈作庭记〉译注与研究》，天津大学出版社1993年，第45页（作者主要参考［日］田村刚：《作庭记》，相模书房，1980年）——编者注

在铺满鹅卵石的庭园里，配置了几座岩石。面对如此的枯山水庭园，人们看透其背后存在的无数视觉印象。眼前这片庭园的背后，可以见到实际存在的名胜景致，或是浮在大洋上的大陆与岛屿，或是支撑这片大地的宏大结构。

庭园也呈现绘画一般的结构。例如，铃木春信（1725—1770）的浮世绘《借景大黑天》（『見立大黒天』）中，透过眼前描绘的美女姿容，可以看到双重映照的大黑天神。不过，此时必须将美女手持的小槌子也视为大黑天的一部分，方能看出大黑天神，这需要相当程度知性上的操作。

本章会介绍一些运用"隐喻"手法建造的庭园。当然在此无法一一列举，但是我们可以看看几座具有代表性的庭园。

桂离宫——观赏抽象风景的日本人

桂离宫是最具代表性的日本庭园，其中也大量使用了"隐喻"的手法。

下面这张桂离宫庭园的照片是朝向松琴亭拍摄的。在这片细长的岛上点缀有几株松树，如此景观让人联想到天桥立（日本三大名景之一，位于京都府宫津市）。我

桂离宫·松琴亭

能从造景中看出"隐喻"的手法，但更重要的是，从以上的"隐喻"手法当中，我感受到了日本特有的通过"隐喻"来造景的方式。

英国也有风景式的庭园借景，与之比较，就更容易明白日本庭园的独特之处。英国的风景式庭园始终保持着自然的原貌，像是"风景如画"所描绘的那样，直接撷取自然的一景，将如画的风景剪切后建造而成。相较之下，桂离宫的这种风景是一种别样的景致。

以细长的岛来表现的天桥立，上面的松树无比巨大，岛那头的建筑物也很巨大。也就是说，风景本身应有的规模比例被完全忽略了。

但在不知不觉中，观赏者将看到重叠在一起的好几种风景。在同样的观赏角度里，几种不同规模的景色并存——远景中的天桥立与近景中接近实际规模的景观并存。

在建筑物上也可看到相同的"隐喻"手法，也并不会令人感到突兀。这不正是日本式的感觉吗？在艺术创作上运用相同手法的，我认为水墨画和能剧都是如此。这些手法有一个共同的地方，只撷取必要的元素，舍弃其他部分，同时放大并强调撷取的部分加以呈现。

慈照寺（银阁寺）——赏月之庭园

京都的寺院大多拥有悠久的历史，因此今日的样貌大多是历经多次整建而成。慈照寺最早是足利义政（1436—1490）兴建的东山山庄，在他过世后才改名为慈照寺。

足利义政在兴建东山山庄时，显然意识到当时已经建成的足利义满山庄"北山殿（金阁寺）"的庭园结构设计是以西芳寺为范本的。实际上，庭园内多处建筑名称也有不少西芳寺的影子，由此可见一斑。

古书上有记载，足利义政在东山山庄的庭园里曾向被称为"山水河原者"的掌握作庭技术的善阿弥寻求协助，这点十分有趣。所谓"河原者"是指当时居住在不纳税地区河滩上的贱民，其中擅长作庭的人才被称作"山水河原者"。

尽管善阿弥出身贱民，但得到了足利义政的赏识，甚至因此得到"阿弥"的封号。所以东山山庄的庭园是

站在高处眺望慈照寺

由当时的将军与最下层的平民共同打造。这座东山山庄后来成为禅宗的寺院（慈照寺），几经改修后成了今日的样貌。

此外，今日所见到的白砂造景"向月台"与"银沙滩"是后来翻修的，在足利义政的时代并无此景观。我个人认为此处的造景，在过去足利义政时代应另有植栽并与今日池塘的部分相连，构成自然景观的庭园。在东山山庄改为禅寺后，方丈前面不是被改建为白砂场了吗？在那之后，这里被翻修成枯山水庭园，出现以砂为造型的景观就是最明显的特征。也就是说，今日所见之景致是随着时代的变迁，经过了很多阶段之后才形成的。

虽然引子略微冗长，但在经历这些历史之后建造的两座白砂造景中，也可见到"隐喻"的概念。当我在观赏这座庭园时，脑海中总会浮现夜色低垂的景象。银沙滩呈现出的效果仿佛是月光照射下波光粼粼的大海，月

站在"银沙滩""向月台"对面望向银阁

夜从建筑物内向外观望，随着人们的脚步踏过此处，白砂就好像波浪拍打一般闪闪发光。在这里，白砂隐喻了大海以及波浪的意象（所以一直想在月夜观赏此处）。向月台正如其名，是一个迎接月光的地方，虽然不应按字面意思来理解，但还是会想这其中是否有迎接月亮的祭坛的意思。而且，感觉到这里的造景"隐喻"了富士山的形象。

龙安寺——激发联想的庭园

这座庭园是日本枯山水庭园中最著名的一座，至今为止对这座庭园的解释众说纷纭。这座石庭中只有白砂与其上摆设的五处造景石堆，但是不知何故，每当造访此地，就似乎有一股力量启发了感性，促使我们反观内心地去思考。我觉得这座庭园最大的魅力就在于这种促

龙安寺·方丈南庭（上）、置石与白砂纹（下）

使人们反思自省的力量，至于怎么解释这座庭园其实无所谓。

在这座庭园中，我们被吸引到这里，不正是因为自然而然地就进入了"隐喻"的世界吗？

森冈正博《隐喻的逻辑学》中也提出隐喻包括了现实世界的"前景"，其背后意象中的"后景"，以及将两者串连起来的"桥梁"。

此处的前景当然是用原尺寸堆砌的石头，而串联起意象的桥梁不就是白砂吗？白砂形成的纹路让人感受到空间的深度，砂纹的形状可以想象成大海的波浪。如此，感觉后景就是各种规模不一的海景，就像是从几百米或几万米的上空俯瞰到的大海风景。

随着对这些意象的联想不断展开，可能会看到如同浮在云海中的山峦景色，或是在遥远的大海彼岸乌托邦的轮廓。当我们面对这座庭园时，虽无以言表，但脑海里盘旋着的意象是我们很自然地唤醒的联想。

大德寺·大仙院——模仿真实风景

大仙院是大德寺的塔头[9]之一。在妙心寺或建仁寺等其他禅寺中，也有几座类似的小寺院。虽说是小寺院，

9　僧退隐后居住的子院或高僧的墓塔。

大仙院・书院庭（上）、过道前的船石（下）

但因为地处京都，所以占地十分宽广。这类塔头有时也是保护该寺院的武士家族在京都的据点，所以今日才会看到众多寺庙聚集于京都的场面。

大仙院面向书院，有一个隐喻了水墨画的手法建构出的庭园。此处的"隐喻"与龙安寺让人自由发挥想象的手法不同，而是相当具体的风景再现。这也是隐喻手法的一种，只是表现方式极为真实。

"L"字形的庭园中，在转弯处排列着三块大石头，象征山的形象，瀑布从其间隙中流出。这里的水流从山间的急流逐渐变缓，再发展成和缓的河川，上面有时行有船只。在河流的造景中，还设计了让人实际走过的桥梁通道，十分有趣。

换句话说，将各种规模的造景带入一个空间的造型，还在其中安排了现实的桥梁通道。这条河的造景最终延伸到了方丈南庭，那里则隐喻了大海的意象，即为河川的终点。所以整个造景可谓描绘了水的一生，其中还运用了省略、放大、强调、凝练等手法。

这里的隐喻也是，前景还是石头，背后则出现了山、瀑布、船只等意象。而用来呈现山峦意象的三颗石头，还使用了一种在庭园造景中被称为"三尊石"的组合方式，意味着一尊佛与两位在其身后的胁侍（菩萨）。

欣赏这座庭园时，会再次让人领悟到石头这种素材，能因其形状、材质而隐喻成各种各样的意象。

等持院——回游中的"隐喻"

等持院庭园的绕行方式，就像是人生的轮回——这是我绕完这个庭园回到原点时，脑海中浮现出的感觉。原本以为只有我一个人有这种想法，但之前一起同游此处的作曲家朋友也说了同样的话，实在是有趣。他甚至觉得在庭园深处渐暗的空间里，自己仿佛死了一次。所以，或许还有更多的人有过类似的感觉。

当我在庭园回到原点时，为什么会浮现出这样的感觉呢？那是因为看到了假山上的建筑物（茶室），与架在其前方连接了小岛的石桥所形成的构图。起初出发前往假山的时候没有这种感觉，说到底是因为往山的步道对面能看到房子。但是往回走时看到的是池子里浮着小岛、小岛对岸有房子的构图，描绘出了一个宛如海之彼岸的世界，所以轮回感也许是因窥见蓬莱山等理想乡或彼岸世界的意象。

等持院·隔着石桥眺望茶室"清涟亭"

从这个角度所见的建筑物，让人觉得不存在于这个世界，是属于另外一个世界的建筑。虽然是同一座建筑，但再次看到竟让人产生完全不同的感觉，我想这就是隐喻的神奇之处吧！

假山上的建筑既是单纯的房子（茶室），也是理想国度中的深山草庵（或彼岸世界）的意象，好几种意象都在此重叠。而凸显这种意象的"桥梁"，即是眼前的小岛景色和架起的连接小岛的石桥。

实际上，当我之前提到的作曲家朋友描述自己的感觉时，朋友说那是一种"奏鸣曲"形式，这种说法也很有趣。所谓奏鸣曲形式，是指作曲中使用的 A–B–A' 形式，A 经过 B 后再回来的时候，A 已经不再是原来的 A 了，而是 A'。如此，一想到这种回游式庭园是由奏鸣曲的形式设计而来，也是很有意思。

第三章

巡回

　　在回游式庭园中，景色会随着行走逐渐变化。这称作序列变化（Sequence），我们在这种连续变化中获得乐趣。在远景、中景、近景重叠而成的风景中加入步行的动作，我们能够切身体验到风景随着距离感的不同而连续变化。这让我们在庭园中得以享受空间变化的乐趣。这种回游式的空间构成不仅在庭园空间可见，在建筑内部或寺院境内也能感受相同的乐趣。

　　这种形式之所以成立，有各种各样的理由。其中包括通过连接数个"若隐若现"的个别空间所形成的日本空间，以及基本上能形成通透空间的木造空间的特性而来（参见第八章）。

　　避免一览无余的形式，运用无法让人看透和若隐若现的做法来提高期待感，是日本庭园或日本的空间中常见的建构手法。与西欧的风格稍有不同，比如与凡尔赛宫等庭园那种一眼就感受到广阔感的手法完全不同。最能体现这种不同的代表性例子，就是与凡尔赛宫几乎同时期建成的桂离宫的庭园。两者都是当时的君王或相等地位的人的别墅（庄园），观察这两者的庭园构成的差异，同时也是比较西欧与日本的文化差异，这非常的深奥有趣。

　　本章要阐述的，就是运用巡回手法所营造出的"隐现的空间"。

空间的隐与现

在放眼望去一目了然并清楚映入眼帘的地方，加上那些无法一眼望穿的地方，在这样接连展开的连续空间里，随着步伐前进，空间里的事物时而出现、时而消失——如此被称为"空间的隐与现"。

空间若设计得太过像迷宫就无法呈现隐与现的效果，但若适度具有迷宫的特性，则会使人对隐藏的部分充满期待。当视野豁然开朗，看清原本隐藏的部分时，谜题揭晓的时刻便令人雀跃。这类的空间设计利用遮蔽的效果让视线无法穿透，但又同时把隐蔽部分的气氛、气息展现出来。隐藏的手法越高明，就越能引起人们对此的期待，使得各种想象由此展开。

昔日的日本绘画手法中，有一种被称为"云霞法"，在《洛中洛外图》等画作中都可见到。这种绘画手法非常细致地描绘了街道等代表性场所，在不同场所之间画上云朵加以抽象化，由此刻画不同场所各自的特征。我觉得云霞法是为了在一个画面里呈现多个主题，而这种手法同样也被运用于庭园之中。这就是本章要介绍的"空间的隐与现"的手法。

在日本庭园中，回游式庭园有时会围绕一片空间营造出几种不同的世界。尽管每个空间彼此独立，但是空间与空间之间，还是以云霞法的方式很好地联系起来，不会显得突兀或不协调。换言之，这种感觉是在以碎片化的方式呈现各种各样世界的同时，又将能它们巧妙地串连起来。

人为什么回游

为什么要建造庭园？自古以来，庭园是现在所谓办活动、开派对、邀请客人的场所。不过，我认为除此之外，庭园更大的意义在于"打造自己的世界"。庭园，是一个为了自己而建造的世界。

在回游式庭园中，我最喜欢桂离宫。说起来这里是被称为天皇家的别庄，但桂离宫实际上是一位在时代大环境中没能当成天皇的人——智仁亲王的别庄。他在京都的桂地区，打造出一个"自己的世界"。

这样一来，建造出的桂离宫正是智仁亲王想象中自己的"日本"吧！回游其中的话，也许就是仿佛在那充满自然风光、和平的国度中出巡一般。移步换景，庭园中的景色款款相连，每每到一处都让人联想到日本国土上的不同地方。并且，这里还包含了四季的变化。桂离宫庭园让我深深着迷，也许正因为这个空间是智仁亲王纯粹为自己而建，现在的我们才有机会体验此处。

也许是因为这个原因，我觉得江户时期建造的大名[1]回游式庭园有些不协调。其规模之大、道路之宽等都超过了个人可以欣赏的规模，让人感觉建造的目的是向外人展示自己的力量。而且，这类庭园刻意在其中复刻了日本的名胜，强行游览这些过于形式化的地方，让不少人感到为难。倒不如纯粹为了个人欣赏而建造的桂离宫回游式庭园，说到底是为了自己打造的世界。正因如此，如今我们很容易就能沉浸于那个世界。

巡回于庭园之中

桂离宫——连接小世界

桂离宫是江户初期由时运不济未能当上天皇的智仁亲王创建的，由其子智忠亲王建成。这座建筑的本身与庭园紧密相连，是一个了不起的空间，细节处也完成得很好。而且它位于京都郊外，周围的现代建筑不会干扰庭园的氛围，如今依然可以享受昔日庭园空间的气氛。

庭园中央有一个形状不规则的水池，水池周围有沿着自然地形打造的散步道。在那里，以水池为中心点，四周打造有多个适合其所处位置的小庭园。

---

1 日本封建时代对土地领主的称呼。

从古书院开始相连的中书院和新御殿（从右至左）

　　正因周围分化出许多小空间，庭园的整体形象是无法确定的。在庭园里走着走着，所到之处的气氛就随着脚步逐渐变化，稍一转身就可以感受各式各样的空间体验。

　　还有，庭园中的步道也未必一直在池边。有时步道会通向离水池稍远的地方或假山中，等再重新回到池边时，观者感觉像是看到了完全不同的景色。在回游的路线中，水池会多次登场，但是每一次观看角度的不同，面貌也随之改变，仿佛游历了各种地方的风景。这是由于小空间彼此连接，营造出空间的隐与现，让整座庭园给人的感觉比实际的规模更广阔、空间更复杂。

　　此外，庭园中还有一个重要元素，就是四处可见的像亭子一样的建筑。包括名为松琴亭、笑意轩等的茶屋在内，这些建筑分散在庭园各个角落，酝酿出各自独有

从松琴亭望书院、月波楼

的风景。回游式庭园若少了这些，就仿佛在夜空里看不
到月亮，画龙没有点睛。光靠一些树木无法营造出足够
的空间气氛。这类人工建筑物使风景更为完整，让庭园
得以给人留下"某种印象"。

亭子在庭园中虽说是连续的空间，但描绘的是各种
各样空间意象的整体空间结构，让人感受到"巡回—回
游"的乐趣。对建造这座庭园的智仁亲王与智忠亲王而
言，这样的庭园设计或许只是为了呈现日本各地的景致，
是单纯为自己而打造的。但对出生于现代的我们来说，
却也通过这种设计手法体验到了空间的乐趣。

还有庭园中五花八门的细微造景，扮演了串连各巡
回空间的"向导"角色。比如，飞石（步石）就是如此，
而石灯笼等配置在空间上也不可或缺。若要完整介绍桂
离宫的飞石及延段（碎石块、石板混合铺成的路段），光

通往书院的中门

是石板的材料、石灯笼等构造物就不知需要多少照片。在这里，就先介绍其中的一部分。

桂离宫里有好几座作为"结界"的门。入口的大门当然也是，而向前没走多久就能看到的"御幸门"会让人满怀期待地想要踏入"桂"的世界[2]。这扇门的存在，是为了让人并非是无意之中进入庭园，而是在踏入前作些心理上的准备。

动线上，接着出现的是通往书院的"中门"。这里作

_____

2　槇文彦（1928—2024，现代主义建筑大师）评桂离宫是一座名为"桂"的城市，像一座都市的建筑。——编者注

为进入建筑部分的引子，是为了让访客进一步提高期待的设置。不过，中门后的道路是向斜方向延伸的，所以站在门口无法一窥门内景色，只是单纯地感受到空间连续的氛围。

与门内丰富的景色所相衬的，是名为"真之飞石"的石板延段。此处通过空间的转换，使人在进入建筑物前有更多的心理准备。地上规整的石板好像营造出一定的紧张气氛。

与前述"真之飞石"同样知名的延段是"行之飞石"，位于一处类似茶室的等候空间。因为空间本身的气氛比较轻松，此处的延段设计就兼具了规整感与松弛感。这种由人工碎石与自然石组合而成的造型，宛如铺于地面的抽象浮雕。此外还有"草之飞石"，如此，庭园就巧妙地活用"真、行、草"来表达日本美学中的三态[3]。

在桂离宫，这样的门或飞石不仅是引导的要素，同时也营造了空间的氛围。如今，就可以说是以大门、铺装和照明等元素来吸引访客和营造空间气氛了。此外，我在这些铺设于各处的铺石步道上步行体验时想到的是，这些铺石不仅仅串起周遭的风景，使其具有一贯性，其设计背后也精确计算了移步换景的效果。

设计利用了人行走在飞石上时，视线需要游走的特

3　原指中国书法中的真书（即楷书）、行书、草书，大约于平安时代末期传入日本。"真"表示正式正规的形式，"草"表示不拘一格的风雅形式，"行"表示介于"真"与"草"之间的形式。——编者注

真之飞石

行之飞石

园林堂之飞石

点。视线先落在脚下，又不时抬头看风景，如此上下反复，使原本水平方向上可以单纯欣赏的风景分割开来，让景色给人留下更复杂、隐约可见的印象。步行途中出现的石灯笼则像是为道路的弯曲处打上的标点，给人一种即将翻篇进入下一个世界的印象。最初觉得桂离宫的石灯笼似乎是随意放置的。然而，石灯笼的放置地点其实有讲究，都是在空间即将改变（运动）的场所放置，感觉像是为了稳住变化而造的景。

如上所述，桂离宫通过在大空间中巡回时呈现各种各样的小世界——其中还可以看到更为精巧的细节设计——作为"向导"的造景，由此创造了一个堪称理想乡的世界。

修学院离宫·上之茶屋
——通过限定动线而诞生的序列景色

修学院离宫主要分成三座御茶屋，参观路线就在当中巡回。

在后水尾上皇（1596—1680）创建修学院离宫时，起初只有"上""下"两座御茶屋，后又追加了作为寺庙的中御茶屋。从下御茶屋走到中、上御茶屋的道路两侧有松树，但是早期这里原本是农田小路。

若能保持原先的农田小路，而不是像现在这样的通

从修学院离宫、上御茶屋以及旁边的云亭看池塘对面的回游路

道，我觉得应该会更好。因修学院也是以农村田园风景为主题的，若是农田小路的话，就可以一边看梯田、菜园的景色一边向前走，在感官上享受田园诗般序列的景色。如今的松树道路就成了一条只是"连接用"的通道，景色略显单调。而且，田园诗般的风景能为之后给人以惊喜的上御茶屋的风景做铺垫，届时访客抵达上御茶屋，那边的景色将更加令人震撼。

在桂离宫，可以从笑意轩眺望邻近的田园景色。但在修学院则更上一层楼，站在这里仿佛置身于山腰上的乡间农房一般令人印象深刻。只不过，此处的房子更像是天宫。这里的每一座御茶屋都由建筑物与庭园构成，如今的参观路线并未将建筑物内部空间安排在内，但可以在庭园漫步中感受体会。在每一座御茶屋当中，池塘、遣水（溪流引水）等都是很重要的元素，光是在庭园中巡游就让人心情舒畅。

三座御茶屋中，最能体现巡回意义的是位于最高、最深处的上御茶屋。那儿的山腰上建有一座占地宽广的水池，巡回的路线就以此为中心展开。走进上御茶屋的庭园时，发现这条两边为修剪过的树木的夹道也很有意思：利用树木造景的遮挡，让进来的访客只能见到整个广大空间中茶屋的上半段。走在与人同高的树木夹道中，行人无法眺望周围的景色，但一登上最高处，整个空间的美景就完整地映入眼帘。

欣赏这样的回游式庭园，视点之间是以线连接的，而不会以面展开（由于步道的限制，访客所及之处有限）。在江户时期的大名庭园中，通常采用带各种分支的步道设计，而且道路铺得很广，所以印象中就少有以线连接的视点了。相对而言，桂离宫与修学院离宫中的步道很有限，又是飞石步道，所以访客的动线几乎被固定在一条线上。

修学院离宫的三座庭园（下御茶屋、中御茶屋、上御茶屋）中，不论是人移动所经的空间还是行走的动线，完全可以用线来概括。这三座庭园就是为了限定访客遵循以线连接的视点来欣赏景色而进行的空间营造。虽然"限定"一词难免给人一种局促的印象，但实际上参观下来没有这种感觉。

相反地，在一个可以自由游走的空间里是体会不到序列变化的景色的，空间的张力也无法维持。飞石步道

上御茶屋回游路

上御茶屋·浴龙池

从西滨望邻云亭

限定了步幅，有时甚至会使访客需要根据情况来决定下一步用哪一只脚迈。在由小石板连接的步道上行走，视线无论如何都会投注于脚下（防止踩空）。但如果铺路的石板变大的话，访客就会安心地边走边观赏周遭的景色。当石板的面积更大时，访客甚至能在该处驻足眺望，欣赏四周风景。就是这样，我们投足之间受到了飞石的限制。

池塘中有飞石步道，人会踏石而过，但其实无论是池塘还是平地，只要有飞石步道，人都会本能地踏上去。日本庭园的设计，恐怕就是利用了这个道理。飞石代表一种信号，当我们看到飞石时，自然地知道自己在铺有飞石的地方该怎么行动。散步于修学院离宫，每一步都可以读到建造这位空间建造者的意图。最神奇的是，当我们在这种意图的引导下散步其中时，竟然感到非常舒服。

等持院——享受明暗、疏密感与规模的变化

据说，等持院是镰仓末期、室町初期的禅僧梦窗疏石（1275—1351）建造的庭园，属于江户时代中期的样式。其方丈北面庭园的东西两侧都有池塘，以这两座池塘为中心发展出两个世界。西侧的池塘中有一个相对较大的岛屿，造景细致。隔着池子的对岸有一座茶室清涟亭，通往茶室的道路好似一片露地[4]空间。

我很喜欢穿过这片露地空间走向茶室的过程，给人以仿佛登山一般的印象。漫步在庭园的道路间，不知什么时候发现地势高了起来，感觉是在俯瞰（眼前的景色变小，规模变大）。走至最高点时，俯瞰感更为强烈，眼前的水池看起来好似一片大海。

这类池泉回游式庭园的魅力在于其空间规模（在人

---

4 出自佛教语，原意是比喻烦恼俱尽、没有覆蔽的地方。日本茶道中，露地象征俗世与茶室的过渡空间。这里指茶室外的庭园，是进入茶室的通道，其结构比一般的庭园更为复杂。——编者注

移动时）产生了多种多样的变化。正是通过对道路的石头、植栽进行设计，让人主观感受到了规模的变化。

通往茶室的是条敞亮的道路，一开始走感觉像在上坡，而接下来在向东走时眼前展开的风景，让人感觉自己渐渐被引导进另一个世界。我发现走在这个庭园中，当注意力集中在脚下石阶时，周围的气氛悄然变化，直到下到最后一阶再抬头一看，才发现已然进入新的世界。从这一点来说，我觉得空间气氛的转换点就是利用了石阶。

东边庭园的大池塘中，有一座规模相对较小的岛，访客经过桥梁可以走到岛上。感觉过去岛上应有建筑物，

等持院·通往清涟亭之路

由清涟亭望池

不过现在已不见踪影。也许是因为少了些什么，让我感觉这座东庭呈现出一种不同于西庭的深山幽谷的氛围。沿着道路前行，周围的光线渐暗，也看不到什么建筑物，仿佛迷失在山间。不过继续向前，四周又逐渐明亮起来，方丈等建筑物也映入眼帘。

透过此处明暗的变化，空间氛围变得张弛有度。之前介绍到的石阶、景观规模的变化，都是这座庭园的魅力所在。在等持院庭园中间还有一座宝箧印塔，相传是足利尊氏之墓。从这里继续向前走的话，又会看到最初进庭园时见到的风景，茶室清涟亭就在池对岸。

等持院的池泉回游式庭园就是这样，为参观者提供了一个小巧而多元的空间体验。

巡回于寺院之境

南禅寺·金地院——非本意地回游

金地院是南禅寺中景点最多的寺院。在这里的建筑物当中，被称为"八窗席"的拥有很多窗户的茶室非常有名。不过，本节要介绍的是在这座寺庙外部空间的回游。

与很多围绕一个池塘的回游式庭园有所不同，金地院是一个构成完全不同的巡回空间，虽然这里的气氛有些奇妙，但我想这就是所谓现代形式的回游吧！

进入玄关后从水池出发，旋即向左前行就是如今回游的路线，不过最初庭园的规划应该没有意识设计那样的回游性。如今，闭环路径已全部连上，访客可以回游整个金地院。

绕过水池之后，就是通往东照宫的参道。这座东照宫好像是模仿日光东照宫[5]兴建的，沿着绿意盎然的参道蜿蜒前行，就能遇见东照宫。在此之后，旁侧有一条通往下方枯山水庭园的道路。对这条路的印象，似乎是原来为了方便寺院人员管理，才有的这条通往东照宫的路。

下来之后的地方，方丈前方有一座以鹤龟为代表的枯山水庭园。但最值得关注的是被绿树环绕的白砂很巧

5　位于日本栃木县日光市山内，建于公元1617年的神社。

金地院·前往东照宫

自西窥方丈南庭

妙地营造出一种与对面的距离感。白砂就像白色画布一般，在画布周围又以植栽和石头呈现出另一个世界。这里白砂的意象就是水，用以创造彼岸的世界。从这座枯山水庭园进入方丈建筑的内部，如此前行就又会回到起初的水池庭园。

像这样的回游与在风景连续的庭园中不同，而是连接了自成一格的景观，其设计手法也是各不相同。不过在如今，这种出乎意料的连接景观的方式反而很是有趣。

清水寺——以舞台为中心的巡回

我想，写清水寺的回游，要从二年坂开始说起。

从八坂神社出发，穿过圆山公园、宁宁之道、高台寺、石塀小路等，再到二年坂、产宁坂（三年坂）是我很喜欢的一条路线，而继续延伸这条路线就会到达清水寺。至少从二年坂开始就能感受到清水寺门前的氛围，这氛围一直延续到了清水寺。顺着这条路往前走，一路上对清水寺的期待也会步步升高，直到见到清水寺的门与三重塔时，就像抵达一个里程碑一样。抵达门前的路程若视为一个阶段的话，那么从进入清水寺大门开始的境内绕行，就属于回游的第二阶段。

清水寺有好几座建筑，绕行的路线在建筑物与建筑物之间展开。从西门开始，一边欣赏三重塔一边前进，途中会经过经堂、开山堂，再继续往前就是轰门，从轰门开始便算正式踏入清水寺的境内了。轰门之后会来到正殿，知名的清水寺舞台就在这个地方。朝南突出的舞台顺着地势建造，南边可望见子安塔，更远处则是丰臣秀吉的陵墓阿弥陀峰。子安塔从远处眺望显得很小，实际靠近这座建筑时，才发现其规模的确意外地小。

清水寺·从清水寺舞台眺望子安塔、阿弥陀峰

正殿下方有一道阶梯，可通往音羽瀑布，或者继续往内院的舞台前进。内院与正殿同样具有舞台，由此可从侧面近观正殿的舞台，同时眺望京都街道的景色，回顾一路走来的路径。

由此前往子安塔的道路，可能是后来才兴建的，一路上的景色极为平凡（不过在子安塔可以从正面眺望清水寺舞台）。我建议可以由此处往回走一段，到正殿下方那通往音羽瀑布的楼梯，体验该处的空间感觉。访客可在那道楼梯上近距离地欣赏舞台结构。这个地方充满了神圣的气氛，这可能是前人选择在此兴建清水寺的原因之一。很多人因为此气氛前来膜拜，并且饮用此地的水。从音羽瀑布可以顺路回到仁王门，沿途也可欣赏舞台下方的结构。

清水寺境内的步道呈现环状结构。我不知道早期状

从内院眺望城市，正殿舞台在右手边

况如何，但是各条通道似乎就是专为从不同角度观赏此
处主角——"清水舞台"而设计的。各个欣赏清水舞台
的地点也分别活用了该处的地形地势，兴建不同的结构
物，如塔楼及瀑布。

　　清水寺至今仍是京都最大的观光景点，从空间结构来
看，真的有其道理。我认为清水寺的特色在于景观的戏剧
性变化，而其戏剧性的变化正是其魅力所在。不过若想仔
细体验此魅力，我建议在游人较少的时间前来，尤其在观
光季节，趁着清早或黄昏造访此地的感觉都不错。

巡回于建筑之内

大觉寺——回廊上的回游

　　大觉寺的回游路线在建筑物内部，其建筑保留了平安时代"寝殿造"[6]的结构。此处回游最具魅力之处在于连结建筑物与建筑物之间、架有屋顶的走廊（回廊）。在这类建筑物内回游的感觉，与漫步在庭园的回游不太一样（尤其此处的走廊是室内的延伸）。此处的回廊不仅能遮风避雨，脚步触及的地板也平坦舒适。尽管如此，回廊也保留了室外空间的感觉，环顾周围景色就像在户外一样，但同时又能感到自己所在的空间（室内空间）。

　　将一栋一栋独立建筑串联起来的回廊蜿蜒曲折，走

大觉寺的回廊

6　平安时代高位贵族的住宅建筑形式。

大觉寺·观月舞台

在廊下，可以一边欣赏两侧的庭园景色。随着步伐前进，走廊两边的景色虽然未曾中断，却明显地大不相同，十分舒畅。此处建筑物与庭园的规模虽不若街道庞大，但相对地，改变程度更为鲜明。最靠近游客的近景是柱子，柱子外面是空旷的庭园，随着脚步移动，柱子与庭园间的景色会以几种不同的速率拉近拉远，展现远近层次的效果。

这种序列性景观变化所展现的"醍醐味"，是日式空间的最高境界。"透过自己的脚步，周边的自然空间呈现出各种变化……"透过文字所见到的空间变化似乎平凡无奇，但若换个方式叙述，这里的空间变化其实像是动画片一般。

这种微妙的序列感，有点像摆脱束缚一样，尤其当我在京都骑自行车时，经常出现这种感觉。

京都由北向南的街道，呈现缓和的下坡线条。由北向南行进时，不论是步行或骑自行车都很轻松，摆脱了必须努力踩踏的束缚，自行车轻轻松松地就会自然往前跑，自己也得以悠闲地享受行进中连续变化的景观。开车的人体会不到这种感觉，因为汽车仰赖引擎的力量前进，而且乘客被包围在密闭的人工空间里，不像骑自行车，能全身感受空间的变化。

风吹过的感觉、马路上的声音，以及空气中的气味——除了视觉外，我们还能透过其他感官获得前述的空间体验。

在大觉寺，游客不必如步行在庭园中，必须注意石板步道的状况，因此摆脱了许多束缚。走在回廊里，只需双脚移动就能专注地享受水平连续发展的空间感。

沿着这连续空间前行，我们来到了大觉寺最值得鉴赏的地点——面向大泽池的观月舞台。我来到此处，不禁认为在此处赏月的气氛应该非常好吧。会有这样的感觉，可能是因为大泽池周边至今依然没有人工建筑物，如此景观与当年刚兴建完成时应该没有太大的差异。

充满序列性变化的景色以及位于回廊终点的赏月场所，都是大觉寺最具魅力的所在。

第四章

向深远处

当我还是个孩子的时候，日本旅馆里有很多像迷宫一样的走廊。我记得那时对于这种有点难以理解的东西充满好奇。走廊的尽头长什么样子？这条走廊如何延伸下去？它与哪里连接？这些谜样的部分总能勾起我的兴趣。这种蜿蜒向前并连接到深远处的空间构成，以及看不见尽头、营造出的迷宫一样的路径，都是为了演绎出空间的深邃与奥妙。不过开始能理解这些的时候，那都是很久之后的事了……

现在的旅馆可能基于紧急逃生的需求，动线都必须设计得简单明了。尽管各个部分的设计依然是日本风格，但连续的通道空间已经现代化了，这使我慢慢失去了小时候对日本建筑的不可思议的感觉。今日大部分的日式旅馆光为了让各个点（房间）展现出日本风格，就已经十分吃力了，而通向房间的线性空间的设计变得像如今的城市街道一样，仅仅是移动的空间，变得单调无趣。

然而，这样的空间在现在的寺院等地依然存在。本章就要介绍这种可以感受到"深远"（日语原文"奥"）的场所。将"奥"翻译成英文是"Depth"，包含了深度、进深等意思。但是，像"奥深"这样的在"奥"上附加"深度"的表现也存在，可见"奥"的概念并不简单。

神社中的"奥"

石清水八幡宫——整座山都能感受到神社的魅力

石清水八幡宫位于京都西南边的男山，该山坐落在平安时代平安京里鬼门（后鬼门）方位，因此建造了这座神社，基本上整座山都被视为是神社的一部分（顺带一提，鬼门方位的东北边则为比叡山，该处建有延历寺）。

石清水八幡宫的构造相当有趣，就像大部分的神社一样，整座山被视为一片神域，而非御神体（神明）本身。要前往这座山，只要从京阪电车八幡市站下车搭上位于一旁的缆车，就可以轻易地直达山顶。但是若想要步行而上，从车站东南边的"一之鸟居"上山，就可以体会整座山是一片神域的感觉，饱览神社"深远"的空间结构。步行上山固然很好，但是放弃头顶上便利的缆车不搭，还真是一项困难的抉择。

走过"一之鸟居"就到了"顿宫"的所在。所谓"顿宫"是指"御旅所"，也就是神灵停留的休息处所，或举行祭祀典礼时，神灵暂时停留的地方。经过这个被围起的区域顿宫后，就可以看到参道，还有位于前方树林中的"二之鸟居"。

通过二之鸟居后，就逐步进入山间。这里的石阶路像发夹弯一般，视线看不到尽头，只能看到前方一小段距离而已。随着道路一再转弯，脚步走着走着，就完全

山顶通往正殿的道路

通往山顶的路

分不清东南西北了。这段路走起来像是在林间乱走一通，但是石阶路的尽头就是目的地了。

　　越往深处走，沿途就若隐若现地出现一些景色，包括一片绿荫中的红色小祠堂，或一直密布头顶的树枝消失后、陡然露出的天空。受到景致的吸引，我拾级而上。眼前的视野因空间分隔，无法一眼望穿，但视线可及之处的景物吸引着我，给我动力往前迈进，我便一路抱持这种感觉继续前进。

　　类似的空间结构，或许因为神社、寺院通常兴建于山中，遂成为必备的一种景象。不过实际进入山中寺院的庭园与建筑空间后，也可见到这样的设计手法，与山路"深远"的空间结构相互呼应。

　　在石阶路通往石清水八幡宫的表参道尽头现身的就

是"三之鸟居"。整条路到了这里，才第一次清楚地见到北边笔直的铺石步道。这条被绿荫包围的道路，两侧有夹道排列的石灯笼，道路则笔直地瞄准远处的红漆楼门，而穿过楼门就是石清水八幡宫的正殿。走过一段树林间蜿蜒的石阶山路后，映入眼帘的却是一个截然不同的空间，明亮且豁然开朗。

这种与石阶山路气氛迥然的空间设计，意图向参拜者传达山顶存有理想国度的概念。这个空间结构从古至今一脉相传未曾改变，参拜者走到这里，很自然地会涌现一股"感激"的心情。

伏见稻荷大社——自然产生的"奥"

伏见稻荷大社以"千本鸟居"闻名。我不知道千本鸟居当初是如何形成的，但最早的兴建渊源显然是为了追求现世利益的世人吧！井井有条的美丽空间的确不错，但是此处早已超过限度，如同夸张的鸟居坟场，感觉有些可怕。

千本鸟居的沿途，鸟居以40至50厘米的间隔一路竖立，形成隧道一般的空间。这种空间布满了整座稻荷山，让走在里面的人不知身在何处。

当阳光穿过鸟居间的缝隙，整条路就变成鲜红色的隧道。因为阳光的变化以及道路位置的关系，隧道内的

"千本鸟居"的隧道

光线时明时暗，暗红色的隧道或许转瞬之间就变为鲜红色。

　　这条道路顺着山的地形起伏建造，所以时而上坡、时而下坡，视线在鸟居隧道里也跟着时而望见尽头、时而看不到前方。顺着地形竖立的鸟居限制了我们的视线，也因此增加了引人往前迈向"深远"的魅力。走在其中，有时侧面的视线受限、有时上下方的视线受限，眼前所及的景象不断改变，唯一真正能看清楚的只有前方空间的明暗变化而已。这地方最让人回味的，就是"隐与现"之间、空间产生的明暗连续变化。

　　这种空间体验很难以言语表达，希望读者一定要前往亲身体会。

寺院中的"奥"

大德寺·高桐院——深邃的气氛

高桐院是我最喜欢的寺院之一，过去已经造访无数次。主要的原因在于寺院内的整片竹林，那宛如置身幻想中的空间非常吸引人，不过此间最吸引我的还是寺院里的那条路。

站在与大德寺其他塔头差不多高的门前位置，虽然无法一目了然地看清内部情景，不过里面的通道空间给人的感觉非常深远。在寺院境内的蜿蜒小径上有一座门，门后的空间非常漂亮，上方是一片茂盛的枝叶，底下则有一条铺着小石板的步道。步道一再蜿蜒曲折，一个转弯之后又会出现气氛不同的空间，设计得极具魅力，每一个空间都散发着邀请人继续往深远处走去的气氛。

通道空间最大的魅力在于连续性的景观变化。尽管只是一条由树木罩顶、石板铺设而成的步道，但或许正因为空间的元素单纯，越走就越能感受到周遭树木的动态变化。脚步移动之间，大自然的微妙变化让人的感受越来越强烈敏锐，从而品尝到日常生活中难以经历的体验。

透过蜿蜒空间创造出的"深邃的气氛"，换句话形容就是"模糊的方向感"。连续地左弯右拐后，人体对于方位的感觉不再灵光，会误以为自己走了很远。而且经历

高桐院·穿过树林的路

通往建筑入口的道路

一段路程后，所到之处又是一个不寻常的世界，真有种在山林间迷了路的感觉。

相对于石板步道所采用的引导人前进的线性设计，寺院的门则像路标一样引导着方位，以点（连结点）的方式呈现。一般寺院的门就像神社的鸟居，具有结界的功能，但是高桐院的门在设计上，用来吸引目光的成分反而比较多。

在完全以天然素材构成的"地面"空间中，人工建筑物的门就像一幅"画"，浮在这个空间里，置身其中的人便很容易被门吸引，朝那个方向走去。这座门除了本身的存在感外，也透露着下一个空间风景的信息，引人继续往前。

穿过两道这样的门以后，终于来到高桐院的建筑内部。不过，此处的玄关设计又刻意泄漏了门后庭园的气氛，让访客察觉不到已经抵达的终点，反而很自然地再次踏进更深处的内部空间。

此处的景色让人难以把视线固定于一点，视线会自然地不断游移，在绵延不绝的空间里欣赏风景。带着这般心情走进寺院的内部，真是一种极为舒适的感觉。我希望读者有机会也能亲身体验，感受一下这条步道的空间，体验将有限空间发挥到最大极限的魅力。

诗仙堂——精巧空间中的连续变化

诗仙堂是追随德川家康的武将石川丈山，隐遁时居住的地方。退隐后，石川丈山改行当诗人，在此度过了余生。

诗仙堂中，从门到建筑物之间的空间极具趣味。走入面向道路的门"小有洞"，前方的景色因为被上坡的石阶遮蔽而无法看清。登上石阶、走到尽头，眼前出现另一段铺着石块的石板路，但不多久，正前方又出现了一堵石墙，挡住了墙后的风景。行到此处，只见左方还有一小段石阶，暗示这段路尚未走到尽头。人走到这里，仿佛被石阶牵引一般，一步一步地迈入诗仙堂的内部。

走近石阶后，又发现上方还有一道门。从左边步上

诗仙堂·"小有洞"门

自石阶上看到"老梅关"的门

石阶、正面面对建筑时，访客这才第一次看到诗仙堂的建筑物。穿过名为"老梅关"的门之后，还有一段石板路斜斜地通往建筑物的玄关。"啸月楼"这座高楼是诗仙堂中极具特色的一栋建筑，它的楼下就是玄关。

在踏进建筑物以前，路程曲折蜿蜒。读者若透过文字描述，可能觉得前往建筑物的路程似乎很远。而事实上，这段路的长度不长，不过尽管只是短短的一段路，整个路程在空间上的连续变化却充满了趣味。此处的空间经验设计，与奈良慈光院精致的通路空间设计有异曲同工之妙。

倘若要以文字形容诗仙堂设计手法的特征，可以如此描述："道路曲折，无法一目了然地看清前方。由阴暗到明亮，隐喻前方柳暗花明又一村的存在。"

这样的空间设计创造出层次感，让访客在抵达建筑物之前，先经历了一段愉快的空间体验。

法然院——原始的空间导引方式

我在法然院的入口空间，体会到一种极为原始朴质的空间设计。从道路望向入口，只见石阶上方有一道没有屋顶的门，而门后的森林，则又暗示着那里有另一个空间的存在。

走上石阶，道路前方延伸出一条蜿蜒曲折的步道，步道尽头有一座顶着稻秆屋顶的门。这一带的空间，上方覆盖着蓊郁的枝叶，只有些许阳光穿透树叶缝隙筛落下来，显得略微阴暗。继续朝下一道门前进时，步道由巴掌大的石块铺设而成，其排列松散、缺乏紧张感。即将抵达前，可以遥望门后的一片明亮的空间，那个空间正促使我继续往前迈进。

整个空间设计，运用了人们喜欢由暗处朝向亮处移动的心理。接近门前时，原本巴掌大的石头路面又变成了泥土（沙）地，因为地面材质的变化，让我感觉像进入了一个新的领域。过了这道门，前方是一个充满阳光的世界。从门这端望向满溢着阳光的前方，那片空间如一幅窗景（Picture Window）一般。

法然院的空间处理

法然院的信道虽然朴实，却以极为原始的方式引导人们前进。这种原始手法包括阴暗与明亮、道路的空间与弯曲、地面的材质所呈现的效果等。通过这些手法的运用，即使游客尚未走进寺院的建筑内部，也已饱尝了极为有趣的空间体验。

永观堂——立体化的寺院空间

正式名称为禅林寺的这座寺院，也另有"枫叶的永观堂"之名。此处以枫叶闻名，到了赏枫季节，院内就会挤满了游客。但其实除了赏枫外，永观堂本身的寺院空间也非常值得一看。这座寺院位于东山的山麓，在山脚的位置创造出一片充满立体感的空间。

永观堂提供的回游经验与大觉寺相似，都是利用室

永观堂・通往开山堂的弧形阶梯"卧龙廊"

内空间创造出回游的效果。如果说空间宽广的大觉寺属于水平移动式的回游，那永观堂则充分利用了比较狭小的空间、位于山脚的位置特性，提供了垂直方向移动、趣味十足的空间回游经验。

尤其，御影堂后的阿弥陀堂与开山堂都建造于斜坡之上，因此连接的路径都采用弧形的阶梯设计。光是弧形阶梯的造型就非常有趣了，同时呈现出垂直串联空间与水平方向空间的差异，以及其复杂深远的效果。

我认为永观堂的重叠空间，尤其发挥了"深远"与"隐与现"的效果。除了具备平面迷宫的趣味外，还加上了富有立体感的设计，所以不论从哪个方向观赏景色，都能体验到"隐与现"的魅力。

大德寺·孤篷庵——内部空间的"奥"

大德寺中有好几个我喜欢的景点，孤篷庵就是其中一处。建筑师小堀远州负责孤篷庵建筑与庭园的设计与兴建，让整体空间更为有趣。不过孤篷庵平常并不开放参观，只有在冬季的特定期间开放。尽管如此，这里仍是一个值得前往参观的场所。

过了"外之桥"之后，就是孤篷庵的空间。走过石桥、越过大门后，有一条铺石的步道笔直延伸。这条步道混合了人工切块的石板与天然石头，石头的铺设充满创意，我尤其中意最前端的石头形状与布置方式。

常见的通道空间，在这样的步道上会在半途设有叉路。但这条步道却一路笔直，最前端有石头，为转弯的道路做了铺陈，也为空间画龙点睛，同时地面的设计也指向了下一个空间。

孤篷庵室内的空间趣味来自其深远的空间感。在现今特定的参观期间来访，游客可以欣赏的室内空间或许有限，但从玄关进入方丈（正殿）后，有著名的茶室"忘筌"，之后还串联到更深处的"直入轩"、茶室"山云床"。每一个空间环环相扣，还配置了精致的外部庭园，景色优美。

许多书籍都介绍过"忘筌"茶室，这个茶室介于室内茶室与户外露地（茶庭）之间，还有一个走廊作为伸展空间。从露地的角度来看，走廊的高度较低，穿过走

孤篷庵·入口前端的石头 推拉门对面的右边是名为"忘荃"的茶室

廊即可进入茶室，也就是所谓的"躙口"。从室内往露地庭园望去，上半段有纸门遮蔽，下半段则可看到庭园的部分景色。

同一个露地庭园里，在另一个方位的则是"直入轩"。虽它同属这个空间的一部分，但是角度一变，气氛又不一样了。而"山云床"则是位于更深处的茶室，旁边另有一片露地庭园。

建筑物的"缘廊"，就是连接到下个空间的通道，引导访客进入更深层的空间。这段路也是蜿蜒曲折，尽管是在室内，但放眼所及，两旁室内、室外的景色却不断改变，充满趣味性。一般而言，在典型的连续变化景观中，当描述景色的序列变化时，通常指的是庭园景色，但此处的内部空间却也提供了类似室外的感觉。孤篷庵乍看平凡的房间与信道，透过巧妙的建造方式，带给建筑物深远的样貌。

街道中的"奥"

石塀小路——街道中小小的"深远世界"

石塀小路是一条位于高台寺附近的狭窄街道，也是街道中最能展现"隐与现"之妙趣的代表例子。这一带的街景调性一致，还有一丁点迷宫的感觉。

蜿蜒的道路让行人看不见前方，受限的视线范围内充满独特的气氛。沿路有许多旅馆或饮食店，每一家店的装饰都非常低调。这一带属传统建筑物群保存地区，每个店家都不彰显自己，让整条街道酝酿出一股整体之美。

在石塀小路的入口即可感受到特殊的气氛，进入街区后更甚，视线所及的前方宛如另外一个世界。

石塀小路

二年坂、产宁坂（三年坂）到清水寺
——从门前延续至寺院境内的连续变化

　　沿着石塀小路经过高台寺门前，走过这段路后，就会朝二年坂的方向前进。

　　这一带最吸引人的就是连续性的序列景观变化，从八坂神社、圆山公园到宁宁之道，再经过石塀小路到二年坂、产宁坂（三年坂），一直延续到清水寺。广大的范围呈现景观变化之美，尤其二年坂到清水寺这一段更是精彩。

这一段路以清水寺为目的地,沿途的景观不断变化,同时提供一种深远的、激发人们继续前进的感觉。这一带位于两山之间,地形变化剧烈。这条路应是选取前人认为附近较易行走之处而开拓之,创造了今日一个充满景观魅力的地方。

走过二年坂成排的土产店的道路,紧接着就是爬上二年坂的和缓石阶。沿着弯曲的石板路前进一段路后,产宁坂的石阶便现身眼前。此处的山坡比二年坂略陡一些,顺着自然的地形逐渐上升。上了产宁坂后,道路朝左继续延伸,在这里可以隐约望见清水寺的三重塔。一

产宁坂(三年坂)

边逛着沿途的土产店，一边踏着和缓的坡道前进，在蜿蜒曲折的道路上，清水寺转眼之间又失去了踪影。不过走到这里，已经可以察觉到相当接近清水寺了。

抱着期待的心情，清水寺的仁王门终于出现在眼前，石阶上的朱红大门让人有一种好不容易走到的感觉。前来的路途属于故事的前半段，踏入寺院的境内，故事才开始进入下半段。整体的空间经验并非到此告一段落，会持续延伸至寺院的内部。寺院内部在第三章的清水寺一节已经介绍过了，有兴趣的读者可以参照那一部分。

第五章

打散、错开

有对称性的形态称之为对称形（Symmetry），而相反，没有对称性的形态称之为非对称形（Asymmetry），即不是左右对称的形态。我重新切身体会到，在日本的空间中，其实有很多这样的形态（非对称形）。

曾经在我还是硕士研究生的时候，听恩师说过，从外国传来的形态当中，有一种情况是"原本的形态"变化成"传来的形态"后，在当地生根发展，再度转变成"本地的形态"。而在这类生根于日本的形态中，有一种来自中国的对称空间，进入日本后被"打散"成"寝殿造"的建筑样式，原因可能在于占地面积大小的不同。

之后，我造访了日本的很多地方，观察了各种各样的空间。我发现即使建筑物本身属于对称结构，但它们集合起来在整体上，有意被呈现为一种不对称的形态。这使我感受到，其实在日本很少有对称的空间整体，至于其中的道理到底是什么？这正是本章的主题。

错落的建筑空间

京都御所——历史堆叠而成的空间

现在几乎看不到寝殿造建筑，"京都御所"则是现代还能感受到寝殿造建筑气氛的稀少案例之一，而大觉寺等处的回廊也还有近乎寝殿造的建筑形式。

在平安时期的京都，平安宫（大内里）亦可称为官厅街，是以天皇为中心的政府机关所在，也包含了天皇的住居"内里"。

今天的京都御所就是"大内里"的一部分，被大马路包围的御所（京都御苑）相当于"大内里"的部分建筑。当初的"大内里"位于千本通一带西边的位置，现在的地点其实并非一开始建造平安京的地方。如今，在

京都御所·从承明门眺望紫宸殿

京都御所·小御所

御所的位置上已经见不到当时的政府机关建筑，早都变成了公园的一部分，其中被保存下来的，只有京都御所的局部建筑。

平安宫之所以迁到今天的场地，是因为平安京从西边开始逐渐荒废，都城的中心便一直向东移。此外，几次火灾也导致了平安宫的迁移。平安宫每发生一次火灾就会重建一次，所以也反映出各时代不同的建筑特色。

各座宫殿之间以长廊连接，这是寝殿造的建筑特征。不过，从今日京都御所的细部就可以发现，除了寝殿造的样式外，还有其他时代要素掺杂其中。尽管京都御所的建筑是以寝殿造形式为主，但也可以见到"书院风""数寄屋风"的部分。这种复合样式的建筑，是历经好几个时代累积、演化而来的日本建筑。

正因如此，在建筑物的配置上，既可见到紫宸殿这样的对称结构，也可以在其他场合见到刻意打散的空间结构。

观察古代平安宫（大内里）的模型就可以发现，当时的建筑样式其实更接近中国式的建筑。建筑物原本按照中国传来的样式建造，但是经过一段时间以后，被本土化成日本的风格，就如"京都御所"的变迁过程一样。从这些例子来看，我认为外来事物内化成日本的形式前，都必须经过打散、错开的过程。

二条城——雁行状的内部空间

二条城乃是德川家康为了守护京都御所，以及作为自己进京时的居所而兴建的。后来，第三代将军德川家光为了迎接后水尾天皇，又在此大兴土木，修建成今日的建筑物。

二条城是现在京都的观光景点之一，经常有毕业旅行的学生与观光客造访。二条城内展示着"大政奉还"[1]时的情景，这也让二条城带有一些娱乐观光的色彩。

这里的空间结构被称作"雁行"，可以察觉建筑物以不整齐的方式排列着。"雁行"就是雁群在空中飞翔时，队伍中每一只雁都与领头的雁稍微错开，形成的"人"字形列队方式，这里的建筑体采用了相同的配置。这类

1　江户幕府于公元 1867 年将政权交还天皇，结束幕府的统治。

雁行结构的二条城·二之丸御殿

配置在桂离宫也可以见到，只是桂离宫并未对外开放，无法见到其内部的景象。相对地，二条城虽然只有内部空间，仍能透露出一些雁行结构的风格。其实，这种建筑配置与庭园的关系非常重要，观赏时最好能与庭园一并欣赏，只可惜在现今的二条城中已无法见到了。

二条城是将军的住宅，规模稍大，但或许因为兼具了住宅与办公用途，所以人性化的空间反而较少。相较之下，桂离宫的人性化空间就显得宽敞许多。

雁行空间的魅力，在于行走于蜿蜒的走廊时产生的一种走迷宫的错觉，而这种效果也为空间创造了深度，让建筑物显得比实际空间还大。或许，当时为了展现幕府将军的伟大权力，所以就以这种设计手法"夸大"一下空间的规模。

曼殊院——从雁行空间眺望庭园

　　曼殊院位于一乘寺一带，附近还有诗仙堂、修学院离宫。至今，京都的这个山间地带仍然保留一点乡下的感觉。

　　曼殊院以枯山水庭园闻名，庭园与建筑物的结构充满了趣味性。这种沿斜面布置发展的雁行建筑中，可以欣赏庭园的处所不多，因此能够眺望庭园的地方显得尤其珍贵。

　　但在巧妙运用雁行的建筑配置下，曼殊院的建筑大致分为书院风的大书院部分，以及数寄屋风的"小书院"部分，而每一间房间都可以眺望到庭园景色。即使眺望的是同一座庭园，从不同房间却能见到不同的景观。大

曼殊院·大书院前

曼殊院·从小书院眺望庭院

书院前方的庭园种有一株名为"鹤岛"的大松树，庞大的造型在眼前展开，仿佛是一幅用心打造的庭园绘图。

从大书院沿着走廊向小书院侧边的庭园走去，有一座由树木与石头构成的小岛，称作"龟岛"。"龟岛"与另一处的"鹤岛"合起来，就成了吉祥的"龟鹤"。

继续往前移动，会抵达名为"富士之间"与"黄昏之间"的数寄屋式空间。此处往前只能见到"龟岛"的一部分，更远处有石桥、枯瀑布，再加上石塔，就构成了"枯山水"风景。庭园中采用了多种元素塑造风景，例如深山流出的湍急水流逐渐变缓，以及走廊的高栏设计、天花板的船底造型，让人误以为自己置身的走廊是一座船形屋。搭配远处浮沉的船只，自己仿佛也乘坐于船上。尤其"富士之间"前方才有的高栏设计，更展现出船形屋的特色。

小书院内有一座必须走下庭园才能到达的茶室"八窗轩"，这里的雁行结构更加明显。经过曲折蜿蜒的通道后，此处的庭园就是茶室的前庭空地。正如前面所述，这里只靠一座庭园就能串起数个空间，而且每个空间看到的庭园景象都不一样，功能也不尽相同。庭园每个角落都配合近旁的建筑物功能，变化成不同的样貌，而且几处建筑里还有中庭，更加深了建筑物本身的复杂度，显得更为深远。

最近一次造访时，我发现玄关到大书院间新建了一条斜向延伸的走廊（或许只是临时的走廊），这条走廊在过去并不存在。走廊的建构方式违反曼殊院朝深处发展的建筑概念，破坏了串联建筑物与庭园的纤细空间设计，粗糙而单调的增建手法令人遗憾。

《作庭记》中的"错开"手法

平安时代有一本介绍日本庭园设计的书《作庭记》，作者的身份众说纷纭，有一说认为这本著作是橘俊纲的作品。这本书介绍的庭园设计非常有趣，例如提到了"应在尊重自然条件的前提下，发挥作者的创意"，还有"设计得让人联想起自然的山水""应参考从前的名人作品"（可能是作者自己的想法），另外还有"应学习诸国名胜，创造出自己的作品"等。从文字中可窥见，作者建议在庭园设计上，不应只是带入设计师个人的想法（现代白话译本参照田刚村的《作庭记》）。

而关于配置的细节，书中出现许多"要交错、要交错""要拉开、要拉开""要交叉、要交叉"等与"错开"手法有关的描述。《作庭记》是一本关于庭园的著作，但其中的文字不只涵盖了庭园，也涉及建筑配置的整体空间结构。"堆砌石头时，距离太近看不出造型的好坏，应退后从远处眺望、指示作业才是"等类似的内容，读起来不禁让人联想到现代的环境设计手法。

此外，中国 17 世纪时有一本绘画书籍《芥子园画谱》。书中配有图画，介绍各种风景、元素的描绘方法。虽然我在绘画方面是外行，但是单单欣赏书中的白描就觉得趣味十足。

《芥子园画谱》也介绍了石头与山的画法，图画的感觉其实与日本庭园的风格极为接近，尤其石头的配置方式（描绘方法），可以说绘画与庭园设计两者间充满了共同点。平安时代的《作庭记》只有文字，没有插画、图说。出版当时倘若也加入插画，画面必定如《芥子园画谱》一样。书中文字表现的"要交错……""要拉开……"等，与绘画的概念非常接近。

这种错开的手法在前述建筑的增建、配置方式，或在雁行的形式上都可以见到。本章将针对特定的庭园与空间，详细介绍其所运用的"不整齐、错开的美学"手法。

酬恩庵（一休寺）·方丈北庭
——从造景石堆看"错开"手法

当我依据《作庭记》的原则，寻找书中描述的庭园时，发现京都并没有几座庭园符合叙述，或许因为《作庭记》是针对池庭所撰写的著作吧！后来我改变主意，试图寻找符合书中论述美学的枯山水庭园与其中的造景石堆。换句话说，我按图索骥、循着书中美学，寻找足以验证书中原则的石堆组成方法。

本节介绍的酬恩庵也称作一休寺，轶事传闻丰富的一休禅师就在此度过后半生。庭园配置仿佛包围着方丈（寺院主持或长老的居所），南边有白砂与修剪过的皋月杜鹃打造的庭园，东边则有造景石堆组成的十六罗汉庭园，北边同样是石头造景，名为"蓬莱庭园"。

酬恩庵·方丈北庭的石堆

　　在这些庭园中，北边蓬莱庭园的石堆正如《作庭记》所述，采用了"交错""拉开"等方式排列。这里的造景石堆，与大德寺的大仙院书院北庭中的石头造景相似，都以石头堆砌，呈现源于深山之流水以及山的意象，同时又与佛像、蓬莱山的形象交互重叠。此处，可以见到"隐喻"那一章对大仙寺描述的景象。

　　本节的重点不在于通过石头表现什么内容，而是在表现的手法上。这座庭园为了营造深度、景深的效果，石头的位置逐次错开。石头堆之间的交集处则搭配植栽，创造深远的感觉。其一特征为三尊石[2]，基本上以三颗石头为一组构成，但石头的位置却又刻意错开，打破平衡。在这里，一块作为核心的石头从正中央切成水平断面，看起来就像有瀑布由此落下。另外，其他石头之间也尽可能地错开重叠摆放。

　　山之间复杂的地形则以大量的石头与植栽重叠呈现。营造出渐渐由山入海的景象，石头彼此的间隔也逐渐拉长，重叠的石头减少、单独的石头增加，而最前方的石头就代表海岛。不过，这个铺陈并不采取"整齐排列"的形式，因为一开始，石头就以错开的手法打破规律，之后的重叠便也保持同样的形式。

　　这座庭园的石头造景表现出由山至海的景象，但在

2　造景石头的堆砌方法，如佛像惯常同时配有三尊，三座石头也仿效中间最大、左右两侧较小的方式配置。

铺陈的手法上，则遵照《作庭记》的方法在错开配置。

此处还有一座石塔，我很怀疑是否属于原来设计的一部分。我个人认为，这座石塔在这庭园中有画蛇添足之嫌。

龙安寺——巧妙的石头配置

我特别介绍龙安寺的石庭，倒不是因为这座寺院以石庭闻名。此处的介绍重点，在石头排列、配置的奥妙上。

京都的寺院魅力多来自石头的配置，尤其是禅宗寺院的枯山水庭园。由于石头这种素材不太受岁月的影响，时光流逝却少见改变，因此当初建造庭园时，设计者对石头配置的想法可以一直保留下来，流传至今。

植物的样貌会随时间大幅变化。小树长成大树后，或者发生枯萎凋零的情况的话，给人的印象就截然不同。石头则不然，堆叠的样貌从以前到现在恐怕不会有太大的改变，也因此，我们可以直接感受到设计者最初的意图。

在龙安寺的庭园里，四散的五组石堆均衡地配置于地面。每一组石堆由好几颗石头构成，整体呈现出美妙的平衡感。其他书中，有作者认为这座庭园的平面配置采用了黄金分割比例，以达到平衡。我对于这项说法有

龙安寺·枯山水

些怀疑，这座庭园的美绝对不只是平面配置的平衡而已。置身建筑物内观赏这些石头时，能以立体的角度欣赏它们的大小、材料，这个氛围才更是关键所在。

　　我认为在这座庭园里，依据石头本身的质感打散、错开，能达到平衡的美感，同时又维持一股紧张的效果。这种感觉必须在建筑内部才感受得到。

外部空间中的偏移

泉涌寺——淹没在绿色庭园中的寺院

　　泉涌寺位于我以前在京都的住宅附近，平常我会于黄昏时刻带狗去那儿散步，所以已经造访过无数次了。

这座寺院的观光客并不多，即使不走入寺院内，依然感受得到此处的魅力。

或许因为我每次造访的时间都在黄昏，参拜的开放时间已经结束，所以每次从寺门望向佛殿，那景象都让我产生许多感慨。在夕阳昏黄的光线中，单色调的建筑物伫立在一片绿荫当中。这几座伽蓝（寺院）位于门后较为低矮的下坡处，因此站在寺院门口，不须仰头就能以平视的角度观赏屋顶结构。而在这幅景色中，寺院建筑位于笔直下坡道的稍微偏右处，所以寺院右侧就被参道两侧的绿树遮去一角，乍看之下，给人佛殿向右延伸的错觉。

进入寺院大门后，立刻就能察觉到佛殿建筑的规模其实并不大，但这片景象却又清楚地告诉我们，只要建筑的配置稍微偏移一些，就能给人许多遐想。佛殿本身

泉涌寺・从大门看向佛殿

并未提供太多想象空间，但一栋建筑物伫立于群木环绕的绿荫当中，的确显现出空间建构的巧思，这种美感效果，绝对无法单靠一幢建筑就创造出来。

此外，这当中还有一点空间偏移所产生的"走调"的紧张感。原本对称的平衡空间，因为位置的偏移而产生一种不安定的感觉，加上其他元素的配合，让空间依旧保持平衡，因此又进一步提升了紧张的效果。这是我在观赏这如画般的景色时的感想。

因为泉涌寺的游人不多，除了门内世界，山中的寺院还有几处值得造访的地方。附近今熊野观音寺的朱红桥一带，道路立体交叉，气氛相当不错。此外，在位于东山街道上方的悲田寺中，不仅可以瞭望山下生产今熊野陶瓷的房舍，还能悠闲地放眼眺望京都的街景。

禅寺的道路——偏移配置

我非常喜欢欣赏禅寺中通往各塔头寺院的道路空间，相对于规模宏伟的大伽蓝建筑、宽敞的住宅空间，以及其间引导踏入的各种道路设计，这里的元素显得充实而丰富。

漫步在大德寺与妙心寺内，光是观赏非参拜时间的寺院以及门前展开的通道本身，就已经是一段十分愉快的体验。这两座寺院可以从大门朝内观赏，尽管视线范

从金地院的大门往里看

围被限制，但是门内的空间却低调地显示出自己的性格。

从禅寺大门可以清楚看见内部的景象，但实际走近，却发现大部分的建筑物并非正对大门，而是偏离大门的中央，位于门的侧边或斜面上。所以一般而言，大门的位置并不正对建筑，而是面对建筑物的侧边。从门口朝向建筑物的通路空间，因为这样的偏移安排，产生了一种"留白"的感觉。

崩坏中的美

西芳寺——古老的庭园

西芳寺又被称作"苔寺"，以其茂密的青苔庭园闻名。

西芳寺·池庭

不过这里的青苔，当然不是庭园设计构想的一部分，事实上是庭园一度遭到弃置、自然风化所产生的结果。西芳寺早在奈良时代就已存在，当时还被视为理想庭园的一种。正因如此，到了室町时代，足利义政兴建自己的别庄东山山庄（后来的银阁寺）时，曾几度造访西芳寺，把此处当作参考。

西芳寺的庭园在兴建时当然没有遍地青苔，当初的庭园景象应该比较类似于今日的银阁寺，但是"池庭"后来变成了"苔庭"，据说是江户时代荒废未作打理的缘故。我们今日观赏的西芳寺，可谓是日本庭园随着大自然腐朽的样貌。

因为这样的渊源，满覆青苔的苔寺，也成了今天大众心目中的西芳寺。此处带给我们的不是井然有序的美，而是崩坏过程中产生的美。

庭园中也有道路可供行走，另有一些地方，显然在过去也是道路的一部分。

这些地方或许保有石阶路的形状，提醒我们这里亦曾是园中道路。

此处最迷人的地方，在于原本的人工庭园因为岁月的痕迹，把人为打造的空间逐渐还给了大自然。今日我们看见的景象，就像庭园在重返大自然的瞬间，时间冻结，形成了如同废墟般的景象。青苔提供了这种体验的要素，让人们感受到崩坏过程中产生的"美"。

前面提过，这样的空间并非庭园设计的本意，是随着时光流逝而自然产生的景象。这一因素不只增添了庭园的魅力，而且不也正是最有日本风情的地方吗？

在失去原貌、逐渐改变的过程中，事物会展现另一种美，而现在的我们正试图挽留变化途中的这份美。这

满覆青苔的西芳寺庭园

里的环境仍会继续改变，空间也会随之变化，以适应每个阶段的环境——就好像日本的其他事物一样。

庭园有其生命，会随着时代改变样貌。我可以确定的是，今日的庭园也融入了每个时代对美的意识，这一点在西芳寺尤其明显。

第六章

组建

　　日本历来是一个多木造建筑的国度。这不仅是因为日本多山，森林资源丰富，也因为这种构造形式适应了日本的气候。

　　相比于石材，木材的耐久性较差，因此，像石造建筑那样历经数百年的木造建筑物并不多见。然而，这种耐久性较短的特点反而产生了像伊势神宫那样的建筑方式。

　　这种方式被称为"式年迁宫"，即每二十年重建一次。因此，伊势神宫准备了两块地，每次新建时就在现存建筑的旁边建造。这个做法极为有趣（顺便一提，京都的下鸭神社和上贺茂神社虽然也有每二十一年一次的式年迁宫，但它们都只有一块地）。

　　二十年，可以说是一代人。最初参与建造的年轻工匠在二十多岁时可能还只是帮忙的学徒，但在四十多岁时，他们已经成为了主力的工匠。而到六十多岁时，他们则承担起将知识传授给下一代的任务。

　　这样，"将建造方式传承下去"的机制便形成了。我认为正是这种石造的世界里没有的建筑传承方法，证明了采用不易损坏、长期耐久的材料，并非建筑物保存的唯一方式。

　　还有一个有趣的地方是，重建时是在现存建筑旁边建造。如果是在同一块地上拆除旧建筑再建新的，随着时间的推移，可能会逐渐改变形态。但在现成样本的旁边建造，在传承上来说显得非常合理。这种为了传承特意在旁边留块地的考虑方式，在其他国家几乎没有听说过。

堆积文化（石造）与组装文化（木造）

　　木造不是日本独创的建筑形式，但是我认为日本运用的木造形式，已经创造出一套特有文化。木造与石造的差异，其实可以反映出日本与西欧文化的根本差异。利用当地的材料（当地容易取得的资源）所建造的建筑，不仅独具当地特色，也与当地的宗教、生活形态、美学意识交合形成当地的文化。我想，这就是所谓在地文化的由来。

　　木造建筑的零件基本上都属于直线状。撇开正仓院那类"校仓造"的建筑形式不谈，木造建筑很少出现石造建筑那种堆积的建造形式。木造房屋采用组建的造型方式，因此，日本可能是历史上"组建"造型最发达的国家，而且在追求"组建"技术的过程中，日本更发展出各式各样的建造形式。

　　石造建筑是由石头堆叠建造，自然而然建构出的封闭空间，所以石造建筑的开口是刻意设计的产物。在这样的背景下，石造建筑地区诞生了窗户的设计技术。欧洲建筑从罗马时代开始，就可以见到各种窗户设计的匠心。在罗马时期，出现了万神殿（Pantheon）这种墙面没有窗户，却以墙面浮雕提供开口的方式。堆积技术中，拱门构造也是制造开口的设计，而哥特式建筑为了将室外光线有效引入室内空间，其采用的彩绘玻璃也是相关技术的一种。在石造建筑中，设计的重点就摆在如何安排开口上。

相对地，木造建筑由梁柱以轴组建而成，建筑物原型是个没有墙面的空间。

所以日本设计技术的发展重心，为如何封闭开口上，这也造就了日本的纸拉门（Fusuma）、格子拉窗（Shoji）等各种建筑元素。在日本，用来区隔空间的道具不胜枚举，不只用来分开内外，同时也创造出内外一体、区隔模糊的空间。除此之外，这种建筑样式也符合日本气候的特性，甚至宗教上的特质。

本章就以京都常见建筑案例，介绍几个木造建筑中才能见到的"组建"造型。

塔

"塔"是一种有趣的建筑物，不仅在日本，世界各地都可以看到塔式建筑。

让人好奇的是，人类透过这种象征性的建筑到底希望表达什么呢？不过日本的塔和欧洲的塔在形态上差异极大。原因之一在于日本的塔是一层一层堆叠，每一层又似乎为了强调"堆叠"这件事，而将各层的屋顶延伸、形成屋檐。此外，塔式建筑也充满了木造才能表现的匠心。

从历史的经纬来看，五重塔起源于供奉释迦牟尼部分遗骨的佛塔（佛舍利塔）。佛教传入中国后，佛塔开始被纳为建筑文化的一部分，出现了砖造、石造的多层佛塔。之后，佛教由中国传入日本，在这个森林资源丰富的国度里，佛塔又发展成以木造方式兴建的多层式佛塔。原本的佛塔是比较接近坟墓的结构物，也不具备实用性质，只是个供奉祭拜的对象而已。佛塔应是象征神佛的纪念性建筑，所以塔里设计的扶手或窗户，都不是为了供人使用，而是展现塔的样貌的装饰。

日本五重塔给人的印象，不像欧洲教会的尖塔——尖塔的造型像是要刺入开阔的天空，日本的五重塔反倒比较接近逆向刺入地面的感觉。在现代，不论日本或欧洲的塔都成为地标性的建筑物，只是两者在意义上似乎并不相同。

本节要列举几处京都的塔，介绍其造型以及给人的印象。五重塔是日本最具代表性的塔，是最受日本人重视、拥有特别力量的建筑。

东寺（教王护国寺）·五重塔——伽蓝中的塔

东寺是当初建造平安京时，以罗城门为中心的东西两侧各建一座寺院的其中一座。正如其名，东寺是位于平安京东边的寺院。罗城门西侧于平安时期，曾经存在

东寺·五重塔

一座"西寺"，但是这座西寺的历史出乎意料地短，并未保存下来。当年的遗迹如今已经变成一片公园，其遗址上立有纪念碑。

东寺的伽蓝规模巨大，属于年代较早的木造建筑。京都历史上曾经多次出现战火，大部分的佛像都已烧毁，但这里依然保存了平安时期的珍贵佛像。不过，本书主题不涉及佛像造像，还是把主题放在木造建筑等建筑物上吧！

东寺有现存最古老的密宗雕刻讲堂与金堂（正殿）建筑，另外最广为人知的是高度最高的五重塔。在京都街景中，最常见的就是以这座五重塔为背景，它或许可算是京都代表性的景观之一。

在大部分的五重塔中心，都有一支称作"心柱"的柱子。地震来袭时，摇晃的心柱能吸收震波，其原理等同今日高楼大厦里的"柔性结构"。

东寺的塔以细小的木材组建而成，或许因为整体外观呈现黑色，所以看到的景象好像是一幅塔的剪影。

在京都各个角落都能看到五重塔，一旦靠近，在天空下仰望却无法看清它的细部结构。顺便介绍一下，有人认为东寺的五重塔是以大日如来佛为造型，从第一层开始，依序代表大日如来佛的膝盖、腹部、胸部、脸部、头顶。

仁和寺·五重塔——位于一片绿意中的塔

仁和寺正如其"御室御所"[1]的身份，寺院的面积非常辽阔。境内的建筑不多，透过一片绿意可以窥见此处五重塔的姿态。走在仁和寺中，好像从任何角度都能看到以绿树为前景的塔，著名的矮种樱花"御室之樱"就在塔前不远处。

站在仁和寺的正殿，目光也可越过庭园的林木绿茵

1　日本第五十九代天皇宇多天皇在此出家。

仁和寺·五重塔

眺望到五重塔的景色。

　　木材涂上了氧化铁红，加上接近木材黑色的朱红色与消石灰的白色墙壁，这般配色让建筑物的结构清晰明显，也让塔的组建结构显得十分美丽。塔以木材组装建造，等同于许多细致零件的集合体。此外，还有伸展支撑屋顶的构造（此塔有五层屋顶），屋檐的线条轻盈，宛如鸟羽拍动一般利落清爽。

醍醐寺·五重塔——位于大自然绿意中的塔

　　醍醐寺的塔位于厚重的绿茵当中。在宽广的醍醐寺境内，五重塔的背后布满了浓密的绿叶。这座塔与醍醐寺同时兴建，拥有千年以上的历史，也是京都市内最古

醍醐寺·五重塔

老的建筑物。

　　这座塔最大的特征就是塔顶的相轮，长度约占整座塔的三分之一，但是由下往上看时，比例却一点也不显得突兀，反而有种安定的感觉。正因如此，这座塔也被认为是具有绝佳比例的塔。

　　支撑屋檐最重要的零件称作"桔木"，利用杠杆原理支持屋檐前缘，承受塔本身的重量。这座塔巧妙运用了桔木的作用，让屋檐呈现和缓的曲线。屋檐下复杂的木头结构称作"组物"，不只具有装饰意义，还兼具屋檐的功能。组建屋檐的木头结构时，会将木材分成几个阶段向外安装，因此屋檐便能延伸得很长。如此组建出来的造型，构成了天空下轮廓优美的塔。纤长、和缓的屋檐曲线，正是木造建筑才能创造的特有美感。

欣赏这座塔时，可以发现各层的屋檐仿佛是一只正要展翅高飞的鹤。新建时可能是以朱红色搭配金色建筑，但颜料老化后，现在褪了色的朱红反而给人一种清爽的感觉。此外，屋檐的木料在瓦片反射光的照射下，更凸显出木头组建的美。游客在此可自由地漫游，从不同角度仰望这座塔，同时受到这座塔之美的吸引。

法观寺·五重塔——街上的塔

讲到法观寺的塔，"八坂之塔"的名称可能更为耳熟能详。八坂之塔位于东山的街上，是那一带居民生活的一部分。有一种说法，这座塔是由圣德太子[2]兴建的，是一座存在于平安时代[3]以前的寺院，且推测现存的这座塔重建于室町时代[4]。

如今，这座塔宛如硕果仅存的遗迹，独自伫立在街道之中，从周遭的环境完全看不出此处曾有寺院存在，仿佛当初只建造过这么一座塔。尽管当年的情景难以想象，但周边仍然维持着低矮的建筑，伫立于市区街道的塔并不显得突兀。

2　公元 5 至 6 世纪日本飞鸟时代的皇族。

3　公元 794 年到 1185 年或 1192 年。

4　公元 1336 年到 1573 年。

八坂之塔

整座寺院仅留下这么一点痕迹，但我依然认为这是现代都市保留历史建物的一种很好的模式。这一点，可以从八坂之塔屹立于低矮建筑中、并成为东山代表性景观中略窥一斑。

岩船寺·三重塔——山中的塔

岩船寺位于京都与奈良中间的加茂町（木津川市）。这一带虽然见不到多少观光客，但附近有净琉璃寺，是个观赏石佛的好地方。读者若有机会，建议到此悠闲地走走。

岩船寺的三重塔外观为朱漆色，经过老旧的寺门、穿过水池后，塔的身影立即映入眼帘。其木作侧面的朱漆与木作截面的金漆在阳光的照射下，鲜明地呈现出建筑的结构。

在绿叶包围下的三重塔，色彩的对比尤为美丽。塔本身的比例并无特别吸引人之处，或许就是色彩的表现抢走了结构的风采，不过，纤细的木作设计与屋檐长长的延展还是十分吸引人。

另外，这座塔的周围有一片高地，可以在极近的距离欣赏塔的上半段细部建筑，非常有趣。一般只能由下往上观赏塔，但是在此却能从侧面水平地眺望，是个极为稀罕而新鲜的观赏角度。

尽管这座塔只有三层结构，但对这块土地以及周边环境而言，这样的大小却恰到好处。

岩船寺·三重塔，屋檐的木结构设计

海住山寺·五重塔——山上的塔

海住山寺是一座位于京都南部加茂町的寺院，从营造时代与地点来看，这里或许比较靠近奈良而非京都。读者若有机会来到加茂町的净琉璃寺与岩船寺附近，这两座寺院其实都非常值得走一趟，只是两者位置都相当偏僻，交通比较棘手。

前往海住山寺必须沿着木津川的乡间小路前进，经过村落后还必须爬山。

可能因为这段路看不出通向何处，所以游客就稀稀落落。但若走到此处见到了五重塔，会让人有一种不虚此行的感觉，更何况这美景还能一人独享。

当初为什么会选在这样的地点建造寺院？或许因为这里是个可以眺望四周的位置，发生战争时会是个很好的要塞。另有一个说法是，这座寺院兴建于圣武天皇时代（701—756），当时的天皇将京城从平城京[5]暂时迁到恭仁京[6]，因此才兴建了这座寺院镇守京城，从此处放眼望去，恭仁京就在眼下。

海住山寺的五重塔与法隆寺一样都有"裳阶"[7]。裳阶是建筑术语，指的是建筑物下方的装饰层，而这座塔的初层有裳阶，所以看起来就像一座六重塔（顺带一提，

5　公元 710 年到 794 年，平城为奈良的古名。

6　公元 741 年到 744 年间，圣武天皇在山背国相乐郡设立的都城。

7　在较大的屋檐下，搭配一层较小面积的屋檐建筑结构。

海住山寺・五重塔

奈良药师寺的三重塔因为各层都设有裳阶，因此看起也像六重塔）。

此处的裳阶似乎在兴建塔后不久即增建，可视为一开始就采用的造型。不过，这个造型却让我有些不解。

我认为这座五重塔最大的特色就是裳阶，但是为何采用这种形式却令人费解。仿佛为了支撑裳阶一般，五重塔的外围竖立起好几根柱子，感觉人可以在五重塔外的廊下绕行。海住山寺是一座真言宗寺院，但是建筑结构却呈现天台宗的形式，看起来好像提供了一个室外空间可以举行"常行三昧"[8]的修行仪式。不过，经笔者向

8　天台宗的修行法门之一，会绕行寺院的建筑周围七日至九十日，以修行悟道。

寺方打听，确认海住山寺并未举行过常行三昧的仪式。

门

　　门也是一种神奇的设计。一般而言，门是为了"穿越"，只要具备这个功能即可，规模不需太大。然而，许多寺院的门并不逊于金堂（正殿）或讲堂等主要建筑物的规模，显然其意义远比功能性来得重要。本节要列举几处京都具代表性的门——说明。

知恩院·三门——份量十足的门

　　这座门的规模庞大，可说是"三门"中最巨大的一座。我从小到大经过这座门无数次，但从没踏进门内。整座知恩院，因为这座份量十足的大门而给人深刻的印象。我第一次走进知恩院，其实是因为电影《末代武士》，得知剧中出现了此处的门与石阶，才萌发造访的念头。人果然是"近庙欺神"呐！

　　进门后，正如电影中的场景，气势磅礴的石阶一路往上延伸。此处空间的气氛严肃，访客登上石阶时，敬畏之心也愈发强烈。通往寺庙的道路上只有门与石阶，但整体的气氛，却让访客急切地想知道即将进入的空间

知恩院·三门

内是何景象。

知恩院的三门十分巨大，寺院境内的御影堂也同样庞大。我初见御影堂时，就难以相信在山腰这样的场所竟存在如此庞大的建筑物，仿佛这里也有一座和京都市中心的西本愿寺、东本愿寺之御影堂同样规模的建筑。

南禅寺·三门——让五右卫门动容的一座门

在一出关于鼎鼎大名的石川五右卫门[9]的戏剧中，有这么一段台词："这是绝景吗？这是绝景吗？人说眺望春天的美景值千金，这还不足以形容我五右卫门望见的美

---

9 公元 16 世纪活跃于日本安土桃山时代的劫富济贫大盗。

南禅寺·三门

景，值万两……"而南禅寺，就是因这段台词闻名的建筑物。事实上，这座因歌舞伎剧目《楼门五三桐》中著名台词而闻名的建筑，在五右卫门活着的那个年代，早因"应仁之乱"[10]而消失，所以这座建筑物在那时应该不存在。

这座门负责承载重量的"组建"设计，不仅将上方的重量传递到柱子上，还使得即使没有柱子的整个区域也可以承受力量。从地面竖立的柱子，看起来就像把上方的木材组建高高举起一般，不只呈现出结构机制，更展现出木材组建的创意。而双层屋顶的上层部分也同样具有这种结构效果。从地面展开设计的这座门，感觉就像通过一层一层地堆积，塑造出重重条纹。而一楼的设计不只豪迈，还带有华丽的色彩。

10　日本在室町时代，从应仁元年（1467）到文明九年（1477），持续约十年的内乱。

仁和寺·二王门——结构的呈现

仁和寺的"二王门"与知恩院的三门、南禅寺的三门一起被合称为京都的三大门（不过三大门所指的门也可能因人而异，出现不同的组合）。

二王门也充满了木造建筑的"组建"设计手法。其中的特色，是同样以纵、横、斜组合呈现木材组建的"组物"设计，让屋檐空间显得又深又长。

我个人偏好这座寺的塔与二王门设计，直接将结构表现出来，设计方式简洁（又称"和样"），门（建筑）也透过这些组物呈现各种形式。至于前述的知恩院与南禅寺，则采用了更丰富的装置。

仁和寺的组物结构也十分复杂，只是集中在柱子上方，与邻接的柱子之间保留一段距离留白。这种造型直白地将力量的流动表现出来，呈现的方式十分赏心悦目。

仁和寺·二王门

东本愿寺·御影堂门——宛如工艺品般的精致大门

京都市中心有两座规模庞大的寺院，一座是西本愿寺、一座是东本愿寺。

这两座寺院本为一体，在德川家康的时代被一分为二。在市区中央，这两座巨大寺院里的庞大建筑，至今仍然气势磅礴。

两座寺院之一的东本愿寺里，坐落着世界上最大的木造建筑御影堂，十分著名。而御影堂正前方的门，就是御影堂门。

这座门也极为硕大，但其装饰的细致程度比庞大的规模更为惊人。这座门的组物已经超越了结构材料的功能，就像屋檐下的装饰材料一样。横楣窗的精致设计、

东本愿寺·御影堂门

柱子与门的金属装饰、梁与墙面的木雕等，感觉都竭尽所能地加上装饰，整座门仿如巨大的工艺品。

这座门除了真实地展现"组建"这种木造建物的结构美感之外，还运用装饰手法，充分呈现了装饰后的效果。

寺院正殿

清水寺·舞台——结构的创意

清水寺是京都最为知名的观光名胜，是距今1200年前、奈良时代末期兴建的寺院。这里最广为人知的"组建"造型就是著名的舞台。

这座正殿的舞台据说在平安时代就已存在，不过现存的正殿在大约400年前，也就是江户初期经过重建。其屋顶呈现优美的翘曲弧形，属于"寄栋造"形式的正殿庄严沉稳。此外，桧木皮覆盖的"桧皮葺"屋顶以及屋檐下的遮阳门"蔀户"，也还有平安时代宫殿、贵族宅邸的影子。

舞台从山边往南延伸，望向南边的子安塔与阿弥陀峰。据说子安塔是后来才从其他地方迁移至今日的场所的，所以清水寺舞台最早应该是将阿弥陀峰视为神明（或作为信仰对象），并因此而建。这个舞台是为了献上舞乐给神观赏的舞台，表演的对象（观众）就是神明。

清水寺·舞台下部的构造

这座舞台完全由桧木贴皮而成，总共贴了约190平方米，且舞台矗立在巨大的榉木柱之上。舞台的营造是先竖起"立木"，再以横梁纵横交织、楔子嵌合固定，以"悬造"的方式靠着山崖悬空兴建。"悬造"是指在斜坡或高低不平的场地，通过调整"立木"的长度让建筑地板保持水平、高度一致的建筑方法。

此处最让人印象深刻的结构就是柱子与贯木，以及用以固定它们的木制楔子。这或许就是"组建"所创造的结构之美，采用的楔子更是充满创意。

楔子乃是用来固定纵向、横向结构材料的零件，而楔子之上，一个看似为了保护楔子、如屋檐般的斜板则成为小小的点缀，更强调出这座舞台的设计细节。这种做法将建筑物的构造与保护构造的零件化为设计的一部分，呈现原始朴质的结构美感。

大觉寺·梁柱回廊

大觉寺·回廊——梁柱制造出的创意

大觉寺中，最让人印象深刻的"组建"设计来自回廊。尽管大觉寺的回廊造型不若五重塔或三门那样足以作为大型"组建"的代表，但是这里的回廊构造串接平面，呈现出日本木造建筑的梁柱结构美感。梁与柱单纯只是构成线性结构的纵向与横向零件，却能与梁柱之缝隙间所露出的树木等自然景色，形成一种对比，为空间创造个性，散发出严肃凛然的气氛。

这种凛然的气氛，应该源于空间中一丝不苟、没有丝毫含糊、清清楚楚展现出来的纵横构造要素。

木造物是一种运用细小零件组建而成的结构。这当中只以最低限度的材料组成结构，因此存在一种特有的美感与轻盈。

桥

渡月桥——传承木造的创意

渡月桥位于岚山，桥与背后的山形成一幅和谐的风景。这座桥最早是一座木桥，据说建造于平安时代。今日的桥柱则是水泥结构，桁架是钢筋结构，构成一座可供车辆通行的桥。不过，桥梁的身影依稀残留着木桥的气息。纤细的桥柱以量取胜，稳稳撑住桥梁，又同时保留纤细的姿态，与周边的景观融为一体。

在造型上，这座桥其实可以采用更符合钢筋水泥桥结构的形状，而非当年的木桥造型。京都的许多新建筑物都存在相似的情况，为了维护观光形象，建造新建筑时，外观造型上仍努力维持着木造气氛。我经常思考，

岚山·渡月桥

从这些例子来看，新的建筑物应该发挥现代材料的特性以传承京都的概念才是。

不过，这座桥却呈现出素材特性以外新的造型效果。我认为符合周遭空间的造型，才是真正符合环境设计概念的做法。现代技术可以创造出新的结构造型，但新的造型也要有一个适合的场地才能发挥最大的效果。

每当我来到这座桥的附近，就会想到位于桥西南方的法轮寺。对京都当地人来说，法轮寺以"十三参"闻名，是小孩子到了十三岁，必须去参拜除厄以获得智慧的寺院。据说参拜后经过渡月桥时，如果回头的话，智慧就会飞回法轮寺的正殿。当年，十三岁的我参拜过法轮寺后，头也不回、笔直地迈向这座渡月桥。相同地，我的儿子也如此这般地走过这道桥。

第七章

留白

　　"间"是一个非常日本的概念。它并不是"无"，它既存在，但又什么都没有，可以说更接近于"空"的概念。或者可以称之为"无的存在"，在声音中相当于"沉默"。

　　"间"这个字在日语中也用于日常生活中，"空间的间""声音的间""会话的间"等，在房间的名称中也有使用，比如居间（客厅）、茶间（起居室）、六叠间（六块榻榻米大小的房间）等。这里我想特别谈一下"空间的间"。

　　水墨画仅用墨的浓淡描绘，其中包含了作为留白的"间"。在枯山水庭园中，特别能感受到"间"这种留白，因为它由白砂、石头、有时还有树木构成，这种构成可以说是立体的水墨画。这里我将介绍一些可以称之为"间"的空间雕塑的庭园。

古老时代的枯山水

西芳寺·洪隐山枯山水——造景石堆的起源

西芳寺也被称作苔寺，其最大的魅力就在于被青苔覆盖的庭园。另外，西芳寺的造景石堆也是枯山水的发祥地。西芳寺本身整合了两种不同形式的庭园，一种是环绕水池展开的回游式庭园，一种是呈现山景的枯山水庭园，整座庭园同时拥有两种截然不同的个性。

这座寺院的历史悠久，兴建于奈良时代，庭园出自禅师梦窗疏石之手。不过早先兴建时，这座庭园的下层部分并不是青苔庭园，而是以水池为中心、形式类似慈照寺（银阁寺）的庭园（参照第二章）。至于上层的山景——洪隐山的枯山水庭园部分，应该保留着早期建造时的模样，可说是造景石堆庭园的发祥地。

西芳寺·洪隐山枯山水

这里的石堆造景呈现出水流的样貌，刻画水从上游处流下的景象。水从山上落下形成瀑布、汇成一潭水后，又继续往下流去。山边的水流湍急，流到下游则变得和缓。刻画水流的石堆规模接近实景大小，而且非常写实，利用石头就能呈现水的感觉，真是不简单。近处的石堆利用石头模拟出激起的水花，更让人感受到造景者手法的不凡。这座庭园中，远景石堆与近景石堆之间有一片模仿平静水面的空间，创造了"间"的深度，而且相对于紧凑的石堆效果，此处营造的一片宽阔的空白，也让空间的节奏显得张弛有度。

龙安寺——石堆的"间"：造景的创造

龙安寺是一座凭借枯山水庭园驰名远近的寺院，其庭园设计充满张力，呈现的正是艺术中"间"的魅力。龙安寺的庭园说明文字介绍了欣赏的方法，包括"心字之庭""小虎渡河""浮在大海中的岛屿"等，但其实最吸引人的还是整个空间本身的气氛。

正如欣赏一幅美妙的画作时，总有人要牵强附会地赋予意义一样，这些说明其实显得多余。在我的认知中，作品里令人不解的谜才是最吸引人之处，也是想象力最能自由奔驰的地方。当我们欣赏这座庭园时，最好的方法还是与庭园"对话"，而非探究庭园每个部分的意义。

龙安寺·枯山水

通过"对话"，自然而然就能悟出其中的意境，我认为这才是面对禅之庭园应有的态度。

寺院的方丈前庭原是举行正式仪式的场地。许多禅寺都保留着大小、形状类似的方丈庭园，但各寺院也都费尽巧思设计其造景。我想方丈庭园最原始的样貌，应该像今日的妙心寺东海庵一样，是一片什么都没有的空间。不过，有一些寺院会把这样的一片空白空间加上许多巧思，设计成造景庭园。

历史上，龙安寺的庭园属于室町时代最初期的作品，当然，后来也可能经过了改造修建。为什么我会这么说呢？因为在从过去流传下来的绘画中，有关这座庭园的图画中曾一度出现樱花树，而且庭园左侧后方的石堆上还刻有小太郎、彦二郎的名字。这到底是怎么一回事，至今仍然是个谜。不过，这些情形也激起我无数的想象，石堆上的刻名，也许就出自实际参与造园的无名技师之手。

我个人认为这座庭园还遗留着"山水河原者"的痕迹，也就是当时被视为贱民的百姓，其实实际参与了造园作业。河原者居住于经常泛滥的鸭川河岸，当洪水过去后，应该是他们从洪水遗留下来的石头与白砂中，寻找具有自然造形的材料。这些人实际参与了造园的工作，这也是室町时期突然出现许多枯山水庭园的原因，而这些庭园便呈现出河原者由生活环境所启发自然形成的对于造型美感的感知。

从这个角度来解释，我们就可以很轻易地了解枯山水庭园的独创性。人们说枯山水庭园呈现了禅的教义，我实在很难接受这种论调。

这里的筑地塀（泥土墙）清楚地将另一边的世界与庭园区隔开来。墙内的庭园分散配置了五大区块的石堆，大区块间配置均匀、充满美感，每一区块内的石堆本身也平衡得很巧妙。这片景象看起来，就好似美丽的海洋中浮着许多岛屿一般，石堆与石堆之间也充满了张力。具有张力的空间与物体其实非常美丽，或者反过来说，美丽的物体本来就充满了张力。该庭园中，这种现象随处可见，一股看不见的力量吸引了人们的注意。

京都的枯山水庭园五花八门，各自有其独特的张力与空间感。不过，若要欣赏石堆之间的"间"，还是这里最为地道。

大德寺的庭园

大德寺是一座涵盖众多塔头的巨大寺院，寺院内有多座枯山水庭园。有时，一座塔头寺院就有好几座庭园，所以我不知道整座大德寺内到底有多少座庭园，但可以想象其数量之多，而且大多景色优美。日本各地有许多寺院拥有枯山水庭园，但是能和京都寺院媲美的寥寥无几。毕竟，京都可谓全国寺院的本山（总部），而且历史悠久，京都寺院的庭园的质感与水准让其他庭园难以望其项背也是必然之事。京都美丽的庭园尤其集中在这座大德寺。我把大德寺想象成银河，而在这条规模庞大的银河中，有一些塔头以星系的形式存在，星系中的各种庭园则像星星一样，有各自的宇宙空间。而正因为对这一点感受特别深刻，我才希望介绍这些像小宇宙般的场所。

大德寺·龙源院——四个"宇宙"

大德寺的塔头之一龙源院以方丈为中心，在东西南北四个方位建造了四座庭园，而每一座，都是各有趣味的枯山水庭园。

一踏入龙源寺，首先映入眼帘的是位于库里[1]旁、南

---

1 寺院僧侣居住或烹调饮食的处所。

龙源院·龙吟庭

龙源院·东滴壶

　　轩前方的小庭园"阿吽石庭"。庭园由两颗名为"阿石"与"吽石"的石头、白砂以及若干植栽一起构成。这两颗兼具建筑础石功能的石头，尽管较为平整，但与植栽保持着一种关系，同时也通过砂纹让两颗石头彼此产生关联、创造出一股张力。

　　方丈的南边则有"一枝坦"庭园，其枯山水有"龟岛""鹤岛""蓬莱山"。此处运用了树木、青苔、石头、白砂等元素，创造出各自独立的空间，呈现不同的世界。但在独立的空间的前提下，又以留白的手法整合彼此。素材的运用受到限制，只能将不同的素材安排控制在最小限度下，但素材间相异的形状也因此显得十分和谐。

　　方丈北边的是"龙吟庭"，在一片杉苔中摆设了石头造景。这里的青苔到底意味着什么？是海洋，是云朵，还是云海中露脸的须弥山，抑或是隔着原生林的大山？与其他单纯以白砂为主的庭园相比，光见到此处的一整片绿绒，就足以让人心情大好。这座庭园与白砂庭园的张力效果不同，诉求的是人心中感性的部分。

另外一座庭园是被走廊环绕的"东滴壶"。这座小庭园的设计手法与"阿吽石庭"颇有相似之处，都是在我们脚下创造出另外一个世界。尽管只由石头与砂构成，却可以感受到两边石堆间的砂纹存在着某股力量。

大德寺・芳春院——从凝聚到发散

大德寺中全年开放参观的有龙源院、大仙院、高桐院与瑞峰院，而另有一些塔头，则限定于春季或秋季期间开放参观。

芳春院也是限定期间才开放的塔头之一。走过漫长的入口小路、绕过建筑物附近的正面土墙，最后再穿过土墙后方的一座门，就能抵达芳春院。这种设计带有"向深远处"一章（第四章）中所描述的、让人迷失方向的效果，访客会在分不清东西南北的情形下踏进寺院。

芳春院·枯山水

　　此处方丈前的庭园，是由昭和[2]、平成[3]年代的造园家中根金作设计的，换句话说，这是一座现代庭园。庭园中使用的石头带有古意，整体结构可谓走正统派路线，是一个质感极佳的空间。

　　此处的石庭描绘山间之水流入大海的景色，山的部分则采用三尊石的方式呈现。若将此处的石堆视为三尊佛像，原本被视作浮于海上之岛屿及船只的庭石，又可以将其想象成齐聚一堂寻求佛法的人或动物了。这里的意象设计，也运用了前文介绍的"隐喻"概念（第二章）。

　　呈现主题的石堆创造出一个均衡、和谐的空间。原本聚集在西南角的石堆逐渐朝外扩散至整座庭园，同时运用前方的白砂，让错开石头的配置从凝聚到发散，产

2　公元 1962 年到 1989 年。

3　公元 1989 年到 2019 年。

生了"间"的效果。

大德寺·大仙院——大石头与沙创造出的"间"

大仙院的庭园以书院东北角为中心，模拟的水从此流出，最后汇向方丈南庭。空间的重心凝聚在书院的东北角，之后逐渐往下游流去，整个过程巧妙地运用了"间"的技巧。

整座庭园仿佛是为了供人从书院内部观赏似的，刻意将纸门上的山水画化为立体的造景。不过，由于室外空间的深远程度受限，必须通过错开石头的配置方式、巧妙地运用"间"的手法，创造远近的距离感。

此处的室内与庭园相互对峙，却又融为一体。此景

大仙院·方丈南庭

大仙院·书院西北庭

致与利用宽敞庭园呈现山中流水的曼殊院不同，但也正因其空间狭窄，反而产生一股张力。河川的水流造景中，也有安排"船只"，而白砂的留白则模糊了现实的距离感，与水墨画的技巧完全相同。这道水流由急渐缓，最后在方丈前变成一片大海。

另外，书院西北也有一组小石堆，呈现石头与石头间的张力，正是枯山水空间最具醍醐味的地方。此处有一座矮石堆与一座高石堆，坐落在两者间的扁平石头则加强了空间的力度感。

方丈前的两堆盛砂（砂堆）为只有白砂的空间增色，令庭园不再只是一片大海而已。盛砂虽然与周围采用相同的素材（白砂），但是以一种有别于石头、若有似无的感觉存在着，创造出充满力量的"间"。

江户时期的枯山水

妙心寺・东海庵——空无一物的庭园

这里的方丈庭园什么都没有。不过说什么都没有也不太对，从对面筑地塀（泥土墙）到眼前的空间里，除了白砂还是白砂，见不到任何石堆。我想此处原本是方丈前用来举行仪式的空间，但今日我们面对这个空间时，却会产生一股奇妙的感觉。在这个以筑地塀、墙外景色为背景的空白空间里，有一种存在某样东西的感觉。

观赏白砂与石堆组成的龙安寺造景时，因为空间描绘着各种思想，能让人联想到那些景色背后的原貌。相对地，在这里只能面对一片白砂。我们见到的是如假包换、真正抽象的"间"，访客欣赏的是一个什么都没有、空白无一物的空间。

我曾经听研究所的恩师说过，他在拜访这座庭园时，有一位老僧告诉他，最适合用于这座庭园的词叫作"观照"。我很赞同这个说法，但是读者们透过照片可能很难体会"观照"的个中滋味。这座东海庵平常并不开放，只有在特别的参拜时节接纳访客，希望读者也能把握机会亲身体验一下"观照"的感觉。

东海庵另有一处值得造访的庭园是中庭，其中的石头配置与白砂的砂纹融为一体，建构出宛如宇宙般的结构。从某个角度看，这座庭园的中央仿若有颗太阳，被

东海庵·方丈南庭

东海庵·中庭

周围的行星围绕着；有的角度，则仿佛在中央看到一个
规模较小的结构体，其坚强的意志影响周遭。这些解释
见仁见智，无论如何，在这个"间"的造型中，正是白
砂这片"地"当中浮现的石头"构图"，才让意义得以
成立。

　　当中影响力最大的要素是砂纹。砂纹在光线的照射
下产生光影明暗，可以做出各种表情。在石头之间的空
间里，呈同心圆展开的砂纹提点出中心的存在，因此创
造出一个充满张力的"间"。

南禅寺 · 本坊——"彼岸"的造形

在禅宗的京都五山[4]中，南禅寺的地位特别崇高，被尊为五山之上。一座地位如此崇高的禅寺，自然也拥有日本禅寺当中最高等级的建筑形式。禅寺的中心称作本坊，拥有江户时期建造的枯山水庭园。枯山水庭园最早出现于室町时代，龙安寺、大德寺、大仙院的庭园都属于最早期的作品。我把枯山水庭园分为龙安寺型与大仙院型，另外一种分类方式则将之区分为方丈前庭造景与书院庭园造景两种系统，而南禅寺的庭园属于方丈前庭（龙安寺型）的造景。

方丈前庭的空间原是用于举行仪式，但仪式后来移到室内，庭园便有了自由发挥的造景空间，也因此出现龙安寺那样的庭园。方丈前庭的空间设计到了安土桃山时期[5]发展得更为注重装饰，经历了一段大量摆设石头的时期。进入江户时代[6]以后，发展出近处以白砂、远处以造景石堆呈现的形式。后来形式被简化、模式化，成为江户时期的庭园特征。而且白砂通常只用于呈现"彼岸"的距离，所以用来表现设计的元素，就只剩靠近墙边的造景石堆与植栽而已。

南禅寺本坊的方丈庭园就是这个时期的标准造景。

4　日本京都五所著名佛教临济宗寺庙的合称。

5　公元 1573 年到 1603 年。

6　公元 1603 年到 1867 年。

南禅寺本坊·方丈南庭

这里的墙边造景给人一种蓬莱山理想国的感觉，但是我认为这感觉并不强烈。江户时期的枯山水正如这座庭园的特征一样，诉求的不是强烈的理想性，而是一个沉稳世界的呈现。

南禅寺·金地院——隐藏在背后的力量

金地院在江户时代，由备受德川家康信任的"黑衣宰相"以心崇传迁移至目前的地点。据说此处的方丈前庭是以心崇传命人为德川家康建造的，由造庭师小堀远州负责。小堀远州是我一向很感兴趣的江户时期建筑家，日本全国有多个出自远州之手的庭园，其中也有好几处不知是否真的是远州的手笔。但可以确定的是，金地院与孤篷庵绝对是远州的作品。

南禅寺金地院·方丈南庭

在庭园的结构上，由于祭拜德川家康的东照宫就位于庭园后方的树林间，所以庭园正中央有一块平坦的巨型遥拜石，在一段距离之外遥对着东照宫。此外，这座庭园也被称为"龟鹤庭园"，遥拜石的左右分别有石头与树木构成的龟鹤造型堂堂竖立。

此处的枯山水传承了龙安寺的方丈前庭形式，但表现的重点却不在石堆间的"间"之张力。豪华的造型凝聚在庭园后方，好似刻意为前方保留一大片空白。这样的配置方式，正为前方空间创造出一片足以强调后方力量的"间"。

庭园的背景是一大片经过修剪的树木，层层叠叠地把树后空间隐藏起来，让视觉的焦点全部凝聚在这个场所，形成唯一的世界。而且把能量留在此处，便让人觉得白砂上再也容纳不下一颗石头。

近代的枯山水

东福寺·光明院——林立的奇石

这座庭园出自昭和时期的造园家重森三玲之手。我觉得重森设计的庭园，大多都刻意营造出一种生机盎然的气氛，但这座庭园比较特殊，身处其中感受到的是石头拥有的力量。我第一次参观这座庭园是在读大学的时候，当时就觉得庭园似乎处处竖立着墓石，可想而知，这里夜晚的景色一定相当震撼。

这座庭园使用的石头极为别致，明明非常薄，外形却极为豪迈。庭园中有无数个石头，但不像龙安寺那般精心配置、企图将"间"的张力扩展到极限，反倒是靠近欣赏后，才能感受到每一块石头各自强调着自身的分量。甚至可以说，整座庭园仿佛被一张无形的网笼罩着，形成了一道屏障。此处提供的参观体验，不是场地中强弱不同的张力，而是一个仿若覆盖整体空间的磁场。

庭园有好几组三尊石形式的石堆，且从石堆的方向，可看出如此配置是针对某个特定的欣赏角度。可以想见当初在造园时，设计者根据各个房间、玄关的视角，在庭园中设定了几条轴线、打造出这座庭园。

选择厚度较薄的石头，可能是挑选枯山水庭石的最高指导原则。因为如此就能在有限的空间中，利用枯山水生动地描绘壮阔的世界，同时又以石头与石头的最小

东福寺光明院・枯山水

间距将深远的效果发挥至极限。其实这座庭园的空间并不狭窄，但是大量使用厚度较薄的石头，加上观赏视角来自以 L 形围绕庭园的各个地点，因此便能从四面八方感受到每一块石头拥有的奇妙力量。

东福寺・芬陀院——与彼岸世界的距离

芬陀院又名雪舟寺，是画家雪舟所建造的庭园。这座庭园一度荒废，直到昭和年间，重森三玲才将庭园复原重建。南庭的造景石堆有两组，分别是鹤与龟的石堆。从外观来看，其中一组的确代表龟，但是另一组则看不太出鹤的影子。庭园中央是龟岛的石堆，显然鹤并不是

东福寺芬陀院·枯山水

这里的重点。而且位于龟岛中央的立石最为醒目，看起来就像是蓬莱山理想国的意象。

为什么佛教寺院中经常可见道教思想的蓬莱山和龟鹤？我并非钻研历史的专家，所以不太清楚，但或许因为蓬莱山本身的空间结构与佛教所谓的世界中心须弥山十分相似吧！尽管两者的内涵不同，但造型类似，并不会让观赏者产生违和感。日本毕竟是一个吸收各国文化、将之本土化成日本文化的一部分的国家，所以才会融合了各种宗教思想，并反映在庭园设计上。

在这座庭园看到的"间"，是呈现眼前与彼岸之间、代表理想国世界的白砂造景。这里的"间"没有强烈的张力，而是利用白砂抽象地呈现位于无限远处的理想国世界，更远处的青苔甚至也显示相同的意境。

观赏这座庭园时，我眼中看到的景象仿佛是"海的遥远彼端有一块大陆，而在那片陆地更遥远的彼端还有一座神山"。如果把这里的白砂全部换成青苔，就会变得像大德寺龙源院的庭园一样。此处白砂与青苔的组合不只将神山的意境抽象呈现，同时也借前方铺设的白砂，强调人、神世界的相对关系。

第八章

透

我还是大学生的时候，在对庭园颇有造诣的建筑师西泽文隆先生的文章中，我发现了"透"这个字。我觉得按西泽先生的观点来说，这个字不仅指庭园与建筑之间的关系，也涉及建筑本身。在那之后，这个字一直留在我的脑海中。

"透"的空间有很多种情况。比如柱梁的空间相对庭园来说是"透"的，又或像御帘（高级垂帘）这样的建筑用具虽然关闭着，但依然稍微让人看见外面的风景。还有像竹子这样的植物使庭园或外部空间变得通透。虽然这样的"透"的空间形式多种多样，但似乎都表现出一种尽可能融入周围环境的态度，不是完全封闭，而是保持微妙的半封闭状态，试图将室内外一体化。这让我感受到非常日本的味道。

"中间领域"的魅力

我之所以经常造访京都的寺院，是因为在京都的寺院中可以感受到内部与外部的一体性，感觉非常舒服。或许这种经验在日常生活中不易获得，所以更加深了我对京都寺院的喜爱。

在欧洲的寺院与教堂，我们会欣赏其建筑外观，也会单独欣赏其内部的空间气氛，但是在日本，尤其在京都，许多建筑外观与内部空间经常交织合一。

例如西欧的教堂，光从外观就能判别这是什么样的地方，但日本建筑的外观却没有如此清楚的特征。不过，其内部与外部交会的部分、内外相连的空间则另有魅力与个性。因此，京都的寺院除非具有明显的外观特征，否则让人印象深刻的部分多半不是外观或纯粹的室内装潢。

我对介于室内、室外之间的中间领域一直非常关注。内外空间一体化的空间，从寺院、町家[1]到都市空间，规模大小不一，但是都具备了一项共同要素，那就是"透"。本章将列举几个具有"透"性质的空间例子。

1　江户时期居住在都市的职人、商家之住宅。

建筑与庭园的关系

大觉寺——回廊串连内外空间而产生的一体感

大觉寺是位于嵯峨野的大型寺院，最吸引人的是类似平安时代"寝殿造"形式的回廊，其创造的一体化内外空间非常精彩。

走廊与外部空间亲密相连的气氛，让人感觉建筑物仿佛"透出来"和庭园合而为一。廊道的天花板与地板之间只有柱子，似乎是为了让廊道空间的装饰与外部庭园空间融为一体。

若希望以水平方向将室内与庭园融合，最好连柱子都不要（能否盖出没有柱子的建筑物就另当别论了），但是加入了垂直的柱子，走在廊道上就仿佛透过竹林观看藏于背后的世界。而柱子后的世界尽管露出了一部分，

大觉寺·回廊

但前方的风景还是巧妙地隐藏在柱后，如此一来，每往前迈进一步，柱后的风景就会移动、穿透到眼前，看起来如梦似幻。

回廊中的景色，让人看着看着就分不清室内与室外孰是主角、孰是配角，两者融合的同时，又随着脚步的前进变化，外部的空间仿佛也有生命一样。这个空间之所以让人感到舒服，正是因为这种一体感让整个空间好像有了生命。

永观堂——立体的回廊

永观堂位于东山，是一座低调不显眼的寺院。和大觉寺一样，永观堂的建筑物内也有回廊环绕，庭园与建筑物便透过梁柱的缝隙，给人一种合为一体的感觉。这里最迷人之处，应该就在于立体的空间体验，因为除了有平面的展开外，更让人体验到空间的连续感。

在永观堂，可以从斜坡上的建筑物俯瞰下方的空间，而能如此看到自己先前所在的位置，其实是一件极为有趣的事，可谓呈现出一种"看与被看"的关系。即使只是单纯地前来参拜，只要见到自己不久前经过的地方有其他人出现，还是会不自觉地对那个空间以及置身其中的人产生一股亲切感。这股感觉，在由上往下俯瞰的时候尤其强烈。这里的穿透空间不仅将外部与内部空间串

永观堂·回廊

连起来，更将对面的内部空间连接在一起，创造出空间的迷人魅力。

我很喜欢在雨天造访永观堂。雨声变成了背景音乐，掩盖了周围的声音。同时，在有着屋檐的走廊空间里，即使下雨依然能不受影响地观赏庭园等室外景致。大概就是因为没有玻璃那样的阻隔存在，不只能亲身感受到庭园的气氛、让自己与庭园存在于同一个空间，又能与建筑物合为一体、不必受淋雨之苦，所以我尤其喜欢雨天的永观堂。

在永观堂，通过在阶梯之间的上下移动，可以怡然地接触到周遭的大自然、回游在各种空间。或许也因此，人们能特别强烈地感受到穿透内外空间的一体感。

诗仙堂——在自然中与室内融为一体的庭园

诗仙堂是江户初期的武士石川丈山隐遁之后的住宅。因为有一间"诗仙间"，其四面墙上为中国三十六位诗仙的肖像与诗，因此得名。

不过诗仙堂的观赏焦点，是位于诗仙间西邻、面朝白砂与精心修剪的皋月杜鹃所构成之枯山水庭园的房间。石川丈山的居所位于山中，所以宅邸的地面有高有低。这间房间位于宅邸的最高处，但也只能俯瞰最近的一处庭园。而正因看不到庭园的另一头，反而能借景远处高墙般的树林。庭园本身的景色宜人，但最迷人的地方不仅于此，将庭园风景带入室内、与室内合为一体的景色更是一绝。

此建筑物与庭园的同化手法，就是前述大觉寺与永观堂中回廊与庭园合而为一的设计，而如此"延伸"至

诗仙堂的室内和庭园

自然也是日本木造建筑的最大优点。有纤细的柱子支撑屋顶，地板与屋顶之间便形成一个封闭结构，处于这一空间中的视线自然只能横向移动。置身其间，能感受到往水平方向展开的外部空间，而这种视觉效果同时也创造出融合室内与室外的一体感。庭园与室内，甚至将更远处的景观带入建筑物中，交错的风景不论远与近、内与外都融为一体，这正是"穿透空间"的最高境界。

我认为奈良的慈光院最能传达穿透空间的效果，不过诗仙堂也能体验到相同的气氛。该空间以最低限度的组件建构而成，虽然十分质朴，但也因此更有助于与庭园的同化，反而创造出大自然与人造物交错得最奢侈、最佳的空间。"数寄屋"形式的日本住宅非常质朴，当我见到这类建筑时，心中就能感受到建筑师追求内外空间合而为一的态度。

孤篷庵——由局限的开口创造内外交流的空间

孤篷庵的"忘筌之间"所打造的内外一体效果，与大觉寺的回廊或诗仙堂那类的大开口庭园很不一样。"忘筌之间"室内与外部空间的一体感，是一种固定于特定场所、从某个角度来看就像窗景一样的效果。

不过，它的景色又不是单纯的窗外风景。"忘筌之间"的空间结构巧妙，因此看到的景致也不一样。室内的纸

孤篷庵・在"忘筌之间"看到的风景

门遮蔽了宽阔庭园的上半风景，只让光线进入。从整扇窗来看也只见得到庭园的下半部，有限的风景更让人对庭园景色产生无限遐想。透过切割的窗户开口，内外空间的流动显得更为浓郁。或许可以这么说，建筑物与外部空间正透过这小小的开口，交换着空气。我之所以会有如此感觉，是因为此处的空间设计运用了纸门的元素，并利用了这个地点的纵深。

倘若窗户的上方没有纸门，完全开放，映入眼帘的景色恐怕就不会给人如此强烈的印象。纸门遮蔽了上方过度明亮的光线，让下层较为阴暗的空间得以显现出来。

此外，人工纸门上的格子宛如剪影一般，格子的直线与下方以植物为主题的庭园形成对比。而除了墙面的设计外，运用空间纵深特性的各种设计又相互重叠。若此处的空间缺乏纵深，即便透过同一扇窗户观赏相同的风景，一定也体验不到"忘筌之间"现在给人的感觉。

　　沿着空间的纵深方向，屋檐下被分隔成土间[2]、走廊、板间[3]、榻榻米间等好几层空间，每个空间彼此具有稀薄的关联性，创造出映入眼帘的风景。尽管观赏的景色不过就是室外的庭园，但纵深很长的室内立体地切割了户外空间，呈现的景象便与单纯从一个开口看出去的完全不同，也神奇地让室内与室外庭园连接成一体。

大德寺·高桐院——庭园的"透"

　　高桐院有许多庭园、建筑紧密依偎的空间。此处的庭园设计低调，不至于让人只对庭园留下印象，反倒能尽情体会内外一体的空间。方丈前的庭园与其他禅院的枯山水不太一样，没有白砂、也没有泥土墙，长满青苔的平地上只有石灯笼，除此之外还有对面的一片竹林。

　　高桐院的庭园结构虽然平凡，但实际来到这片空间时，感受到的恐怕是照片也无法传递、高密度而浓烈的感觉。竹林将后方的景色层层地渲染开来，整座庭园没有明显的边界，反而像融入背后景象般地失去了边界。此外，庭园以植栽为主体，阳光从树叶间穿透落下，在青苔上形成美丽的阴影，再加上风的吹拂，林木间漏下

2　室外进入室内的过渡空间，未做地板只有涂上灰泥等的地面。

3　铺木板的房间。

高桐院之庭

的阳光也能随风摇摆。随着时间变化所体验到的大自然，是此处最具魅力的地方。眼前没有强烈的元素，所以整片庭园空间与背景竹林的调性和谐一致。

我认为比起华丽的设计，由人的意志创造出的"物体与空间强度"，反而更吸引人。而且在自然景色大量重叠的空间中，随着时间与自然变化呈现的不同景象，反而才是最有魅力的地方。高桐院给我的正是这样的感觉。

建仁寺·本坊——完全对外开放的空间

建仁寺是日本最早的禅寺，兴建于 13 世纪初期，在京都五山中排名第三。不过建仁寺在兴建完工后几度遭遇祝融之灾，所以今日的建筑早已不是当初创寺时的样貌了。顺带一提，这座寺院同时也拥有俵屋宗达所绘制的文化遗产《风神雷神图》。

此处的方丈建筑多是门窗，少有墙面。正因为这种结构，据闻过去其曾在台风天倒塌（1934年的室户台风）。除了方丈之外，后方的建筑物也都仰赖回廊连结，因此是一个完全开放的空间。

如此设计让人们可以看得很远，体验到水平展开的广大空间。建筑物的外围以及建筑物之间随处配有庭园，其设计并不刻意吸引目光，所以视线得以轻松地四处扫射。

由于四周完全开放，室内的空间相当明亮。不过此处也不似青莲院的景象，无法从其他阴暗处望向明亮空间、由亮度指引空间的方向。在建仁寺透过柱子之间的

建仁寺本坊的室内和庭园

空隙眺望周围空间时，这种穿透的感觉与在"寝殿造"形式的回廊中十分接近，甚至让人产生回廊融入部分建筑的错觉。

西村家别邸（旧锦部家）
——都市与室内空间融为一体的社家庭园

西村家别邸（旧锦部家）位于北山上贺茂的社家町。此处原是上贺茂神社神官的家（社家），这一区其实就是这类神官住宅的聚落。宅邸中，流过门前的明神川被引入庭园，传闻这里曾经举办过"曲水宴"[4]。建筑物建造于明治时期[5]，但是庭园本身的历史更悠久，超过八百年，在"社家"庭园形式的保存上是十分珍贵的场所。

但此处为住宅，所以空间较城南宫狭小许多，是否足以举行"曲水宴"让人打个问号，若说这座庭园乃为仿效"曲水宴"的空间而打造，可能还比较恰当。

尽管只是一处狭窄的住宅，却与本章其他场所相同，对如何将庭园与房间一体化下了极大的工夫。为了让屋顶与地板之间展开的明亮庭园景观发挥到最大极限，采用了较细的柱子，而且尽量减少柱子的数量。房间的突

4　从中国传入的古代宴席形态，参加者临流水而坐，常有赏花、赋诗、饮酒等活动。

5　公元 1868 年到 1912 年。

西村家别邸·从室内眺望庭院

出角落虽有柱子，但是向外长长延伸的屋檐并不仰赖柱子的支撑。屋檐的重量由横架的建材支撑，仰赖天花板的"杠杆原理"，借此减少柱子的设置。

从室内望向庭园时，更能深刻感受到不采用过多的柱子设计的优点。倘若屋檐下再加柱子支撑，就会明显破坏整个景观的平衡。正因为室内只有一根柱子，柱子的直线形状与背后的自然景色就形成了对比关系，让空间产生张力与平衡的效果。

由此可以明白，为了创造庭园与室内的一体化，此处的建筑运用了多少的巧思与设计。

西村家别邸让我们实际体验到即使是住宅，也有将室内与庭园融为一体、将大自然导入生活的理念。在过去，一个家非得要有一座庭园。现代社会的住宅则只注重功能性，没有容纳庭园存在的空间。这或许是土地价格异常昂贵，加上人口过多所造成的。在现代的生活形态中，原本触手可及的空间之美已经逐渐从我们的日常生活中消失远去。

自然中的"透"空间

嵯峨野·竹林道——"透"的外部空间

京都最具代表性的观光地嵯峨野有许多美丽的空间。这一带的寺院没有什么知名的佛像，因此观赏的景点在庭园，也就是自然环境为主。嵯峨野的红叶十分著名，赏枫季节一向游人如织。

空间的鉴赏除了受季节影响外，也大幅度地受游人的多寡影响。从这个角度来看，我不敢说赏枫季节是拜访嵯峨野最好的季节。嵯峨野的魅力就在于其偏僻的环

嵯峨野·竹林道

境，人山人海的景象其实与此地的气氛格格不入。因此，我喜欢避开赏枫季节，在人影稀疏的时候造访嵯峨野，才能悠闲地品味此地的美好空间。

讲到嵯峨野往往会提到竹林风景，这里的竹林大道的确非常有名。尤其野宫神社一带到大河内山庄附近，是赏竹的最佳地点。竹林与其他树木不同，细细的竹茎将林后景色半遮半掩，让空间保持远近的景深却又若隐若现，完全吻合"透"这个字。这种感觉，就好似在一个封闭而深远的空间中，远处一边延展又一边逐渐消失。这条竹林大道的风景具有渐层的效果，可以让人体验到梦幻空间的感觉，走在其中，仿佛被带到很遥远的世界。

街道的中间领域

町家的屋檐——在都市中"穿透"街道的中间领域

至今在京都市中心仍然可以见到町家。当年整条街上应该都是町家，但今日只有零零星星的程度而已，我十分希望能亲眼见到过去町家栉比鳞次的景象。

其实，这景象我小时候或许看过，但是对于观察、鉴赏町家景色的行为而言，当年的我还太年轻，所以我至今对这一点仍然感到十分遗憾。

尽管如此，现今还是可以在一些地方见到几间町家

西阵·大黑町附近的屋檐空间

相连的风景。虽然规模不如从前，但仍然可以体验到往日町家林立的街道气氛。典型町家的正面开口狭窄，内部结构细长如"鳗鱼睡觉的床"，还配有几处中庭。因此，虽然町家排列得十分密集，但室内的设计却能巧妙地导入室外的空间元素。

　　町家的中庭也是一个具有"透"效果的空间，但从另一个角度来看，门面的屋檐空间介于房子与街道之间，这个连接内外的空间也是另一种形式的中间领域。毕竟屋檐属于房屋的一部分，但又是一个对城市开放的空间。

　　日本特有的木造建筑以及多雨的风土造就了屋檐空

间，也创造了既不属于城市、也不属于房屋的中间领域。在町家建筑中，可以透过室内的格子窗轻易地贴近室外空间，但心理上，却又强烈地认为该空间属于格子外面的世界。尽管屋檐置于室外空间，但也是建筑的一部分，是一个暧昧的领域。

　　遇到雨天，这种暧昧的感觉尤其强烈。下雨的日子里，人们会借屋檐躲雨，或者沿着屋檐下的空间行走前进，于是屋檐又成为街道的一部分。看到屋檐，我甚至认为街上的人们，就是在"提供遮雨处"这样的共识之下打造街道，进而让整条街成为一个共同体。

第九章

光与暗

引入光芒就会相对地创造出黑暗。灯光照明更能令人感受到黑暗的存在。这道理似乎早已存在于古代日本的空间中。回顾现今我们的生活，即使在夜晚，也被荧光灯照得通明，几乎不再感受到暗的存在。

作家谷崎润一郎在《阴翳礼赞》中讲述了黑暗之美，其中有一节这样写道：

"……即使是日本人，也一定觉得明亮的房间比黑暗的房间方便，但却不得已变成了那样。不过，所谓美，总是从实际生活中发展出来的。被迫住在黑暗房间里的我们的祖先，不知不觉在阴影中发现了美，并最终学会利用阴影来实现美的目的。事实上，日本和室的美完全依赖于阴影的浓淡变化而来，所以除了阴影之外，别无他物……"

在京都观赏各种历史悠久的"光与暗"的空间时，我想，这就是谷崎先生所感受到的那种空间的丰富性吧。在本章中我想介绍一些这样的空间。

外部空间中的"暗"

瓢亭——屋檐下的暗

瓢亭是位于南禅寺附近的料亭[1]，是一间拥有近四百年历史的餐厅。在谷崎润一郎的小说《细雪》中曾经登场，自古就十分知名。

据说这家店，原是供前往南禅寺参拜的人们歇脚的茶店。此外，古时候东海道[2]上的京都旅人们也会在此更换、整理草鞋，再朝三条大桥继续前进。

今日的瓢亭也在玄关前面装饰了长板凳、茶壶、草鞋等，展示当年的风貌。料亭的外观看起来还是茶亭的模样，但实际上则是一家老字号的怀石料理餐厅。

瓢亭及其附近区域

1　高级日本料理餐厅。

2　日本本州岛太平洋侧的干道。

　　我每次观赏这家店面，对屋檐营造出的暗的空间感受特别深刻。平房的屋檐下形成的暗对于早已习惯明亮店面的我们来说十分新鲜，它陈述着店家的历史与格调。

　　现代的店家常常在门面上维持着传统的模样，但是光明的店头却无法给人深刻的印象，反倒是维持暗的店面才能呈现一种深邃的感觉。瓢亭的店头刻意营造出暗，的确呈现出阴暗空间的效果，与对面的树木相互呼应，让空气中飘荡着古代风情，十分舒畅。

寺院中的"暗"

禅寺的库里——光与暗的挑高空间

　　今日踏进京都的禅寺，第一个抵达的地方通常是"库里"。库里是寺院僧侣生活的场所，也是一个有厨房的空间。该处的天花板非常高，木造梁柱构成的轴组也创造出暗的空间。

　　下页的照片中展现的是龙安寺的库里。天花板位置极高，为了将炊烟排出室外，高高架起的天花板还兼具了烟囱的功能。如此高度的天花板便会产生阴影，但是兼具排烟功能的天窗（开口）又引进了室外光线，所以通常呈现出一个光影交错的美丽空间。如此景象在日本东北的大商家里也可以见到，在阴暗空间中采光，显现

仰望龙安寺库里的天花板

光影交织的美丽景观。

讲到库里空间的美妙之处，最具代表性的恐非妙法院莫属了，因为这里拥有日本规模最大的库里。妙法院的库里据说能同时准备一千人份的餐点，所以空间庞大得惊人。在硕大挑高的上层空间还有梯子一直往上延伸，我第一次看到这个结构时，脑中立即浮现宫崎骏的电影《千与千寻》中的"汤屋"。

往昔的热闹景象可借由那座梯子来想象，但是今日的妙法院库里只是一个冷清的空间。此处每年仅在几个特别的参拜日开放参观，不过从库里的入口多少可以窥见内部的空间，若有机会，希望读者也能从门外品味一下这里的空间气氛。

大德寺·孤篷庵——暗透入空间的情景

孤篷庵是我个人非常喜欢的一个场所，至今仍然会利用开放参拜的机会前来。我从大学起就对庭园着迷，那时我第一次自己写明信片申请参观。后来居住在京都的期间，只要遇上冬天的特别参拜、限定期间的开放参拜，或者在带大学的学生旅行时，我都会前来孤篷庵。

在这些参拜经验中，我记得有一次是在雨天的黄昏造访。当时带着学生进行研究旅行，寺方让我们自由参观，所以我们就在梅雨季节的下午四点左右进入寺院，停留了约一个小时。

因为雨天的缘故，室内显得格外昏暗，唯一的光源只有室外的天光。在阴暗的环境中，我从"直入轩"眺着庭园，还有茶室"山云床""忘筌"之景色。随着黄昏的时间变化，阴影也逐渐移入室内，这个景象让我极为感动。

在今日的住宅已经很难体会到黄昏时分时光移动的脚步，但是当时我在这个特定的空间中，扎扎实实地看见了时光的变动。

在这个下雨的日子里，室内一片昏暗，唯一的户外

孤篷庵·从直入轩望向庭园

光线让榻榻米的接缝显得特别醒目。借着榻榻米的反光，天花板的模样依稀可见。不间断的雨声隔离了街道的杂音，成为空间中唯一的环境声。"忘筌之间"的墙面的上方开口被纸窗遮蔽，见不到外部空间，所以只能从唯一的下方开口望见室外的庭园，不过映入眼帘的石灯笼也渐渐地只剩下剪影了。这样的气氛仿佛在告诉我，一切事物终将融入黑暗之中。这里没有一丝一毫的华丽设计，但在那一刻，我明白了，在一个只有简单素材的空间里，光与暗就足以造就出奢华的景象。

我在孤篷庵也只经历过一次这样的体验，并不是每天都能碰上，所以我特地将之记录下来。只要遇上了天时地利的条件，我想其他地方应该也能提供相同的体验，见到同样的景色吧！

这次经验也让我第一次领悟到，为什么日本人在描述日本空间时，遇到下雨天不说"真不巧下雨了"，反而说"好在下雨了"。这件事也让我再次确定，黄昏是造访日本寺院的最佳时机。

青莲院——明暗的对比

明暗对比存在于京都的许多空间中，毕竟要欣赏日本的空间，由暗处眺望明处最是迷人。即使在回游式庭园里散步，走在树荫下、透过树叶的缝隙眺望明亮的水池或对岸，如此美不胜收的景致也经常让我赞叹不已。

建筑物的空间与庭园一样，从屋顶覆盖的阴暗室内眺望水平展开的明亮庭园，经常能体验到令人赞赏的美感。置身建筑物的内部时，建议寻找此类明暗对比的场所，从这个角度鉴赏空间之美。

面对美丽的庭园，很多人选择在建筑物的边缘欣赏。但是我认为那个角度只能观赏到庭园之美，却并非当初设计建筑物的本意。作为室内欣赏用的庭园，其观赏角度至少须在建筑内部的中心位置。放眼望去，天花板与靠近自己的室内空间较为阴暗，与明亮的庭园空间形成对比，美感效果就特别深刻。

日本的建筑物为了应对多雨的气候，梁柱结构会设计为原本就能承载巨大负荷的屋顶，还可以伸出长长的屋檐。这种建筑形式后来发展成寺院常见的结构，而且我认为，该结构其实还随着历史的变迁不断修正，目的

青莲院·华顶殿

就在于让空间更便于欣赏明暗对比的美感。

延历寺·根本中堂
——自古延续至今的"暗"的空间

延历寺是天台宗的总本山，位于比叡山上，寺院中心是根本中堂。根本中堂里有被称作"不灭法灯"的常明灯，创寺1200多年以来未曾熄灭，神奇地与寺院同存至今，让人印象深刻。

我不认为京都的其他寺院都已走入历史，不过延历寺不只参拜人数惊人，这里的空间更有一股莫名的生命能量。或许，是因为除了观光客外，还有更多人基于信仰的理由前来，所以才洋溢着一股活力。

延历寺·根本中堂

　　根本中堂里，被回廊包围的前庭与建筑物合为一体。原本的结构可能与今日不同，而现在的根本中堂必须先绕行回廊才能进入本堂。回廊环绕的前庭空间仿若圣域，位于后方的本堂几乎维持着窗户紧闭的状态，阴暗的空间里，药师如来与不灭法灯是唯一的亮光。

　　药师如来与不灭法灯位于本堂中心的"阵内"，高度比参拜者立足的地板更低，是"土间"的结构。寺方表示这样的构造，是为了让参拜者与佛像对望，感觉很像古代土著信仰的做法。

　　在黑暗的空间中，只有蜡烛的火焰映照着佛像，而这也是日本佛教展现佛像方式的源头。西欧的教堂即使拥有阴暗的空间，也会导入室外的自然光展示神像，但日本则在完全的黑暗中，利用摇曳的烛光展现金色光辉的佛像。这种展示方式在日本其他寺院也可以看到，只不过在根本中堂里给人的感受特别深刻。

庶民生活中的阴影与暗

吉田家（无名舍）——町家中的阴影

京都市中心的"洛中"至今还保存着过去的町家"吉田家"。京都的新町通、室町通一带原本是织物的街道，过去都是贩卖吴服（和服）的店家。如今这一带仍然有许多从事织物的公司，但是大部分都设在水泥大楼中了。尽管如此，还是有几栋"町家"分布于此。

门前拥有可收纳的折叠长板凳的吉田家，在过去也经营吴服店，是一间气派的町家。吉田家现在仍然作为住宅，但是会在限定期间开放参观。

吉田家拥有古代住宅常见的阴暗空间美感，而且照明也维持从前的方法。不过，我认为白天没点灯的状态其实更棒（从功能性来说当然还是越亮越好）。

点上灯后，房间的每个角落都看得一清二楚。然而，尽管可以看清物体或形状的设计，但是所有东西都以相同的亮度呈现，就无法凸显出个别物件的特色，只像是把许多物品摆在一间屋子里罢了。相对地，单纯仰赖室外的自然光照明，只让室内重要的部位受光，就能呈现出空间的美感。阴影有时能带给空间张弛的力度感，将

吉田家的壶庭

其中的重要对象浮现出来，同时抑制不必要的部分、保持低调。

　　吉田家室内最能呈现阴影美学的，就是设在房间与房间之间的壶庭（小中庭）。正面狭窄但结构又深又长的町家，会在纵深的轴线上设置几处中庭，创造出壶庭这样的空间。

　　吉田家有两座壶庭，一座位于公领域与私领域之间，一座位于私领域里面。住宅内插入中庭的设计，可以将公私领域清楚分开，还能享受自然的气息。此外，这样的空间除了导入气流外，也能够增加采光。

　　以前，京都的町家按照纳税金额决定门面的宽窄，于是出现像"鳗鱼睡觉的床"一般的结构。尽管受限于外在条件才产生这种结构细长的建筑，但是居于此处的人却发现了这种住宅构造的美感，催生了町家特有的美学。

角屋——利用点灯创造出"暗"

角屋是位于岛原的扬屋。扬屋类似今天的料亭，是客人举行宴会、从置屋[3]召来太夫[4]、艺妓饮酒作乐的场所。这里属于远离日常生活的世界，也因此可以见到各种背离现实的造型与设计。

角屋的每个房间里的天花板、窗户、建材等都精心设计，房间也都有各自的名称，例如"扇间""青贝间"等。每个房间的造型都是日常生活中难得一见的模样，设计得极为大胆惊人。

相对地，作为夜间游玩的场所，许多空间便利用"暗"呈现效果。不过此处只能在白天参观，无法在夜间

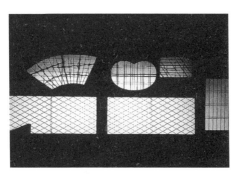

角屋·青贝间的拉门、栏间的设计

---

3 经营艺者、游女（陪酒助兴的女性）的地方。

4 最高级的游女。

角屋一楼的中庭

拜见，很遗憾地只能凭空想象夜晚的景象了。尽管如此，白天的空间也相当有魅力，所以本节就要谈谈角屋的白天景象。

白天参观此处，首先见识到玄关前的中庭，以及面对中庭的走廊上明暗对比的美。玄关前的空间是通道的一部分，经过时，有一段空间先暗下来，继续前进才又明亮起来。经过了先暗后明的变化后，接下来的空间设计又与先前不同，像在预告即将进入的新领域，引发人们对即将展开之新空间的无限遐想。若将时间换成夜晚，这里除了有夜下的月光外，还会加上蜡烛与提灯照明的气氛吧！

面向一楼中庭的空间绝大部分被暗占据，于是中庭就成了唯一引进室外光线的明亮场所。人在黑暗中能特别感受到明亮之美，再加上此处的庭园种满了植栽，排解掉室内空间的紧绷感，气氛显得尤其动人。这空间到了晚上恐怕会陷入一片漆黑，在白天却显得生气蓬勃。

对于此处，我尤其赞叹走廊转弯处不设柱子的角落设计。一般而言，柱子会设置在转弯处的内角位置，但是此处则将柱子设在偏离内角的地方。读者们光凭想象，应该就能明白哪一种设计在视觉上较为舒服。转弯处的角落没有柱子，让属于室内空间的走廊与庭园更能合为一体。光是这么一点小小的用心，就为空间创造了更大的魅力。

角屋属于夜晚的空间，所以我真希望能在月光与烛光中体验这里的空间气氛。室内的天花板因为蜡烛的煤烟，即使在白天也显得阴暗。而这层阴暗到了夜晚受低矮的烛光照射，恐怕会在天花板处营造出更深邃黑暗的气氛吧！天花板与墙面的设计都远离了日常，可以想见蜡烛摇曳的火光照在如此非日常的设计上时，呈现的效果一定更为出色。

草鞋屋——黑暗中的饮食场所

"草鞋屋"，是曾经出现在本章开头、谷崎润一郎的作品《阴翳礼赞》中的料理店。如今，这家店位于京都七条通，仍然在门口挂着大大的草鞋营业。店家的空间朴实，但显得十分幽深。这家店提供的料理只有"鳗鱼

草鞋屋的入口

草鞋屋·茶室

杂炊"，走进店里不必烦恼该点什么菜。来到此处，不仅要享受食物，还要享受用餐的空间。店里每一间房间都围绕着小小的中庭。近来听说店内也开始设置椅子的座位 5，但是我认为最棒的座位还是谷崎润一郎喜爱的那间茶室。这个空间包含了一间有蹲口的房间，以及利用下地窗与炉子隔开的房间。两个房间都设有今日的照明器具，不过若在白天，我喜爱不用现代器具，直接体会这里的空间气氛。当然，若能在烛台的光线下欣赏这里的夜晚景致就更为理想了。

　　房间狭窄，天花板也很低矮，白天在此感受透过纸门射入的光线相当不错。虽然我们不是谷崎润一郎，但是身为习惯明亮光线的现代人，这种自然光的体验也是

5　原本都是榻榻米席位。

相当新鲜。

草鞋屋的茶室中，我比较中意附有躙口的房间。这里有结合"竿缘天井"[6] 与"网代天井"[7] 的天花板设计，并且适度地在四处设置开口引进光线。置身室内，视线不仅能通过纸门，也能从低矮的"躙口"向外望，这种引导视线朝下的做法让人感觉沉静而舒适。

有关"草鞋屋"中的食物与食器的部分，建议读者可以参考谷崎润一郎的《阴翳礼赞》，我在这里就不作赘述。不过到了"草鞋屋"，的确可以体会人在黑暗中所培养出来的有关食物与器皿的特殊美感。

重森三玲庭园美术馆（原重森三玲宅邸）
——古老的神官住宅

此处为昭和时代造园家重森三玲的住宅，原本是吉田神社的神官住宅，后来由重森三玲取得，作为自己的住宅使用。宅邸虽然经过改建，但也尽量运用原有的素材。庭园以立石为主轴，充满个性的枯山水庭园完全展现了造园家重森三玲的性格。

本文要省略庭园的介绍，把重点摆在宅邸上。这一

6　一种以横木条固定的天花板工法。

7　一种以植物编织的天花板工法。

傍晚的重森三玲庭园美术馆·书院

　　栋经历漫长岁月的房子，其保留了古老建材与聚落壁[8]的客厅幽暗得震撼人心。客厅于黄昏后会点亮吊灯（吊灯是雕刻家野口勇的作品），但是亮度做了适度的控制。这个房间以阴暗为主角，让习惯明亮住宅的我们，对老房子的"能量"体验特别深刻。

　　房子更深处还有茶室，其材料的历史比客厅短，但大部分的室内设计都展现了重森三玲的格调。该空间同样也不明亮，所有设计，仿佛都只是为了让昏暗中的生活染上一点华丽色彩而已。屋主显然也知道，这些设计暴露在明亮空间中会显得突兀，所以刻意压低了照明的亮度。黑暗与阴影的美，只有置身其间才能实际明白。

8　采用京都聚落地区的优质土涂装表面的墙。

暗黑的意义

清水寺·随求堂——一片漆黑的体验

在本章介绍随求堂有画蛇添足的感觉。日本的空间会刻意引进光线以凸显"暗"的存在，但是清水寺的随求堂却是一个完全漆黑的空间，我们恐怕只在母体之内才会有同样的体验。

我在进入随求堂以前，曾经猜想里面大不了就是个昏暗、只能看见脚下的空间，周遭应该还依稀可见。但是，当我实际从明亮的世界踏入堂内，完全的漆黑却让我产生一阵焦躁不安，因为室内的确是一个伸手不见五指的黑暗空间。

走在这里，必须仰赖手中的念珠绳索，沿着绳索踏上弯弯曲曲的路径。尽管可以听到人声，感觉到人的存在，但眼前却是个什么也看不到的世界。这段通道其实

清水寺·随求堂

不长，但在曲折的黑暗中前进，还是让人觉得有点漫长，好不容易回到明亮世界后才松了一口气。

走过这段路后，我恍然大悟，体会到一种重生的感觉。一路上，黑暗中的气氛似乎意味着每往前踏一步，就能把过去犯下的罪恶洗去一点，最后获得重生。这也是另一种"暗"的体验。

第十章

水 的 活 用

不仅在日本，水在世界各地的庭园中都是一个重要的构成要素。在不同的地域适应其环境，符合其思想，诞生出各种形式的水的造型。

在意大利的露台式庭园中，通过使用阶梯状瀑布（Cascade）和喷泉，表现了对水的自由自在的操控。法国的平面几何式庭园则通过直线形的水池展示了对大量水源的控制能力。而在西班牙的中庭（Patio）中，由于干旱地带水资源珍贵，往往不会大面积使用水，而是通过设置一个点式的喷泉来为封闭的空间带来清凉感。

回顾日本的庭园，可以发现许多都是以水为中心的叙事性庭院，水始终是一个重要的主题，并且其使用方式多种多样。枯山水庭园虽然没有真正的水，但正因为如此，白砂反而更抽象地表现了水的世界。在本章，我想试着把水的使用方式分成几个类型，进行详细阐述。

分隔—营造"彼岸"

在平安时期的末法思想[1]时代，建造了许多"净土式庭园"。这类庭园的设计，都在呈现彼岸极乐净土的景象，水则扮演着分隔这一世与那一世（彼岸）的角色。再回溯至更久远之前，造园设计曾掀起一阵塑造"蓬莱山"意象的风潮，同样是为了呈现彼岸世界。日本是个岛国，岛上的日本人理所当然地认为水（海）的对岸必然存在一个美好的世界（理想国）。

建有蓬莱山的庭园不太重视方向性，但净土式庭园的设计就有明确的方向，包括太阳升起以及落下的位置。造园者透过太阳的变化，比喻时间的流逝或人的一生。日本人认为日落之处（西方）是阿弥陀如来的极乐净土，日升之处（东方）则是药师如来的世界。

这样的思想自有其说法。古人认为太阳西沉，但是隔天，一个全新的太阳又会从东方升起，象征着一旦消失的事物必然会重生的逻辑。因此，人们便朝向西方，对西方的神佛祈求重生的心愿。过去的佛教寺院原则上采取坐北朝南的方位，到了室町时期，禅宗的寺院也开始采取同样的方位设计。相对于流行建造蓬莱山的平安中期，这一时期空间结构具有独特的设计。

---

1 佛家用语。

不知何故，京都、奈良之间的周边有许多蓬莱山形式的庭园，而且保存至今（平等院、净琉璃寺、圆成寺等）。之所以如此，或许是因为京都市区虽然也曾建造许多庭园，但大部分都在战乱中荡然无存，就如同京都没有几座古老佛像保留下来一样。而宇治市与加茂町（木津川市）这一带，过去并未受到战乱影响，尤其净琉璃寺在历史上与当权者没有什么牵连，因此得以躲过战争的蹂躏，保存至今。

平等院——在遥远的对岸描绘极乐净土

平等院有一座知名的庭园，描绘净土世界的景象。庭园中的凤凰堂代表着极乐净土。从结构上来看，参拜者隔着水池，遥遥地朝凤凰堂参拜（因为属净土式庭园，所以供奉阿弥陀如来的凤凰堂坐西向东，信众参拜时会隔着水池向西朝拜）。

正殿的阿弥陀佛神像之脸部位置设有栏杆，因此在视觉上，阿弥陀佛的脸会被格子窗切割成方块状。堂内的本尊阿弥陀如来坐像则被“云中供养菩萨像”团团围住，阿弥陀如来的脸在近旁照明的照射下（应该是烛光吧）浮现，从水池这头也可以遥望彼端的神像容颜。整个空间，戏剧性地营造出人从此端的世俗窥见净土世界之彼岸的气氛。

平等院・于水池对面望凤凰堂

据说古时候隔着宇治川也可以望见凤凰堂，不过这到底是否属实其实很难说。建造此处原是藤原赖通[2]为了祈求极乐净土，难以想象让其他人从宇治川遥望的必要性。那项传言，或许来自寺院一度遭到荒废的时期，那时说不定真的可以从宇治川望见凤凰堂。

在凤凰堂营造今世与彼岸意象的工具是水，水池（在某段时期则为河川）创造了彼岸的景象。水给人无法渡至对岸空间的感觉，尽管相距不远，却让参拜者萌生彼岸的概念，对彼岸产生一股憧憬。在这里，水创造分隔，隔开层次不同的两个世界。

为了彰显凤凰堂位于另一个世界，其尺寸也刻意地缩小以达到远距的效果。参拜者无法进入堂内，只能从对岸遥拜，加上缩小的尺寸，隔着水池映入眼帘的凤凰

2　平安时代的公卿。

堂便看起来比实际的距离遥远。这种刻意将建筑物缩小一号、强调远近距离的手法，其实在清水寺舞台遥望的子安塔上也看得到。

净琉璃寺——池中的极乐净土

净琉璃寺里有知名的九体阿弥陀如来坐像，尽管寺院规模小巧，但保留了类似净土式庭园的原形。寺院的地点非常偏僻，乡间小路成了参拜的参道，给人相当不错的感觉。

九体阿弥陀佛像代表着人死后前往的地方。因为生前的行善程度不同，人往生后就会被安排前往九种不同的地方，所以人的灵魂离开肉体后，按个人生前修行之

净琉璃寺·隔着水池眺望正殿

200

从净琉璃寺到岩船寺路上的石佛

福德前来迎接的阿弥陀佛也不一样。

我还在读书的时候，这里的住持曾经问我佛像的手势代表什么意思，这提问实在又怪又有趣，让我记忆犹新。佛像手势稍稍不同，代表的意义就不一样。不过，净琉璃寺的佛像并未将九品手印全部呈现出来。九尊佛像中，八尊都采"上品上生印"的手印姿势，只有中央一尊是"上品下生印"的姿势。以前供奉阿弥陀佛的寺院通常同时侍奉九尊佛像，但这已不复见于今天的日本，独独剩下净琉璃寺依然供奉着九体阿弥陀佛。

此处的造园设计也体现出彼岸的极乐净土世界的理念。九尊阿弥陀如来像供奉在正殿的神龛中，使用与平等院凤凰堂一样的设计手法，刻意缩小尺寸，让人在参拜时产生一种遥望彼岸的感觉。不过，佛像和正殿的开口采用由下往上的角度设计，参拜者必须仰望正殿内的佛像，因此削减了遥望彼岸的感觉。

我个人认为这座寺院想要呈现的，可能是映照于水池中的彼岸神像。从晃动的水面上看到几尊在烛火映照下的佛像，这景象让人联想到来世。水中数尊佛像的倒影摇曳着，让人忍不住对来世净土充满幻想。不过，我对于水池中的小岛设计百般不解。若要表现极乐净土的世界，水中之岛就显得多余。我想这或许是后人的创作，但未经考证，目前仅止于我个人的推测而已。

顺带一提，净琉璃寺到岩船寺只有 1.5 千米的距离，可以一边欣赏沿途的石佛一边散步走去。在偏僻的环境中四处可见意义深远的石佛，若有机会来此处，希望读者也能迈开脚步前往岩船寺。

池泉回游式庭园——作为留白的水池

像桂离宫这类的回游式庭园，往往利用水来营造彼岸的距离效果。当然，其中也包括海洋、海口的景色，回游漫步于庭园中时，在不同地点拥有的角度也不相同，其间充满了各式各样的风景。在这些风景中，水池就是呈现现世与彼岸之间的“间”。

若利用泥土地面作为营造距离感的素材，很难确保地面不长出草木，但若换成水，则可轻易地保持空间的空白状态。正因为必须利用“空白”来展现与彼岸的距离，确保一片“空白”的场所，所以回游式庭园才会将水或水池当作造型工具。

桂离宫——利用水改变规模大小

在本书各个主题章节中，桂离宫庭园一再出现，意味着桂离宫内有这么多值得一看的地方。桂离宫的回游式庭园设计以一座大水池为中心，其周边配置许多小庭

桂离宫·由月波楼望松琴亭

桂离宫·由池对岸看笑意轩

园，而且每座庭园都运用水凸显其中的景致。此外，每座庭园的欣赏角度（鉴赏者的感受方式）也不一样，都依据了各场地特性加以规划。

回游式庭园和展现今世、彼岸的净土式庭园不同，庭园有效地利用水池，以各种缩放比例呈现不同的世界，重重叠叠显现在我们的视线范围。

桂离宫有几座利用水来规划的小庭园，但是比例尺寸都不太一样。于松琴亭北侧的"天桥立"一带，像是从远处眺望的风景，但从松琴亭朝南眺望时，所见的又是面向水池的实物尺寸建筑在水边的景观。跨越松琴亭的石桥东侧，同样也是实物尺寸的风景。从书院旁的月波楼向外望，则可见到仿佛远眺时的景象，而笑意轩则呈现接近实际尺寸的水边空间。

桂离宫的各个小庭园虽然同属一座大庭园，但空间的尺寸比例不断变化，而托水之福才得以呈现不同的视觉效果。水将各个场所串连在一起，同时也创造出符合各场所需求的距离感，让该处物体之间的关系暧昧不清。如此多变的视觉效果，恐怕只有回游式庭园在水的助力下才能展现。

流动

　　整个京都的地形北高南低、向南倾斜，所以鸭川等水流通常会由北往南流动。除了大型的河川外，京都街上也有多个流水经过的处所，同样运用水来营造空间的气氛。

　　历史悠久的上贺茂社家町、明治时代引琵琶湖水进入京都市区的南禅寺周边，这些地区的街道都利用运河供水。有些庭园，甚至引水入庭园、打造小桥流水的景致。本节将介绍几处有流水经过的景色。

城南宫——"曲水宴"的庭园

　　城南宫是一座以指导避开不吉方位、祈求交通安全而闻名的神社。这里的庭园让人联想起当年举行"曲水宴"的情景。所谓的"曲水宴"，是一种贵族的活动。在引入外部水源的庭园中，贵族们必须吟诗赋词直到酒杯随着流水漂到自己的座位前，若在等候期间诗作"难产"，就必须罚酒。这类宴会在奈良时代之前从中国传入，到了奈良后期便非常盛行。"曲水宴"在中国原本是一般的民间活动，但到奈良时代的日本则是天皇举办的一种宫廷活动。

城南宫"曲水宴"之庭

今日的城南宫在每年春季与秋季仍然会举办"曲水宴",重现当年活动的景象。这种利用水流在庭园举行的活动,让人想起以前生活优雅的贵族的模样。

上贺茂神社·社家町——水是共有财产

上贺茂神社的门前一带称作"社家町",是在上贺茂神社工作的神官们居住的场所。这一带的街道有水流经过住宅前面,酝酿出独特的风情,今日已被列为京都传

上贺茂神社门前的社家町

统建筑物群的保存地区之一。

"御手洗川"与"御物忌川"在上贺茂神社内汇流成"奈良小川"，而"奈良小川"从神社境内流到街上后，又被改名为"明神川"。流经神域的河流随后流入神官们居住的街道中，之后想必又绕行了好几户家庭，继续往前流去。

至今，此处已经没有几户建筑保有当时神官住宅的模样，只有西村家别邸（旧锦部家）还能开放内部供人参观。这栋住宅是明治中期到后期之间的建筑物，当时早已不是神官的住宅，不过庭园却是历史超过八百年的神官家庭园（参照第八章）。

西村家别邸的庭园引进了明神川的流水。当年所有面向明神川的住宅应该都会将河水引进自家庭园，让水成为造园的一部分吧！

水是街上居民的共有财产，居民将共有的水引进家中后，又让水回归街上，这样的机制真是高明。明治时期以后，南禅寺周边也有类似的设计，引水仿佛是该地区居民的一种仪式，同样给人很舒服的感觉。后文将介绍南禅寺一带的水。

南禅寺一带的住宅区——水声潺潺的街道

这一带的住宅规模都相当大，与南禅寺比邻而居，营造出独特的气氛。这些建筑在明治时代都是富豪的宅邸，到了今日，有越来越多宅邸开始开放参观，让我们有机会体验过去京都引水创造的庭园美景。

这些宅邸之所以能够引水造园，是因为明治时期推动的"琵琶湖疏水"工程。"琵琶湖疏水"是当时一项划时代的土木工程，挖凿的运河至今仍在京都上水道扮演重要角色。南禅寺的水路阁是当时知名的疏水工程建筑物之一。这条拱桥式砖造水道桥在南禅寺境内显得有些突兀，兴建时似乎招来反对声浪，不过如今，水道桥早已与周边环境融为一体。

水道桥在今日成为受人们喜爱的景色之一，或许就是因为当时的设计除了功能性外，更追求设计的美感。只具备功能的建筑物，不论盖得好不好都难以成为日后历史文化的一部分，只能为日常生活增添一项常见的景象而已。若是缺乏所谓的美感，只是另一件平凡的土木

水道桥

南禅寺附近的流水街道

建筑物。但水路阁不只是土木建筑物，它更是西洋与东洋混搭的空间，让我们得以一窥明治时代特色建筑的面貌。

回顾过去的许多公共建筑，的确让人难以感受到什么文化氛围。在今日的社会，越来越多人认为"美感"只存在于美术馆，日常生活场景里不须谈美感。这样的认知实在令人遗憾。

这一带的水流是大家共有的水流，居民不会把有限的水源占为己有，只利于自己家。这种做法让人敬佩。当然，或许只有富裕人家才有能力将琵琶湖的水发挥至最大极限，但光是有水沿着道路流动、走在这段路上能听到侧沟传来的潺潺水声，整个场所的气氛也就因此充满情调。这里的侧沟与其他城市的排水沟很不一样。一般城市里的"侧沟"死气沉沉，只有排水功能，但南禅寺一带则将侧沟之水视为有生命的水，这种观念改变了整个街道的气氛。我也是亲身造访此处，才明白这观念的可贵。

白川一带的风景——市区里的大自然

白川原本是一条来自比叡山的河流，今日与琵琶湖疏水的水道合流，再分流到东大路的东边，经过祇园新桥，流入鸭川。或许因为控制水量的技术的进步，下游河道的水流平稳如运河，看起来不至于造成水害。也因此，下游建造了许多亲水空间。

白川·行者桥

看着此处亲水的风景，我不禁认为都市里的自然环境必须适度管理，例如在容易泛滥的河川旁兴建排水沟，以防止水害发生，就像农村的里山³一样。

今日祇园新桥一带的景色之所以如此风情万种，也是拜流经的平稳水流之赐。三条北一带浓厚绿荫下的河面风景，以及知恩院前方两岸柳树下、横跨水面的"行者桥"的石桥风景，这些风景，也都因河川才得以存在。河川以运河的姿态安定地流经城市，在河岸建构出亲水的空间。这些建设为居民带来丰富的精神生活，其效果超乎想象。

倒映

高台寺——在水里看见另一个世界

水会形成一个平坦的面，产生宛如镜子一般的光滑效果。除非风在水面掀起阵阵涟漪，否则水面就像镜面一样光滑平坦。我看过一部由法国诗人让·谷克多（Jean Cocteau）执导的电影《奥尔菲》（*Orphée*），电影中运镜的画面至今仍然记忆犹新。

这部电影描写一个能穿越阴阳两界的人的故事，而

---

3 泛指环绕村落的山、林和草原。

高台寺・卧龙廊从开山堂延伸至灵屋

高台寺・灯火通明的庭园和池塘中的虚像

来往之间的大门就是面镜子。导演在拍摄穿越镜子、进入另一个空间的画面时，就是利用水来呈现那个瞬间。当年没有特效技术，导演将水平拍摄到的影像转成垂直，于是可见演员将手伸进镜中、走入镜里时，镜面会在被触及瞬间产生波纹而显得具有生命力。从今天的角度来看，这种拍摄手法的科技水准很低，但是这部电影其实也暗示了水奇妙的一面。有时候，水具有的神奇效果超乎想象。

高台寺是丰臣秀吉的大老婆——正室"北政所"宁宁的菩提寺[4]。高台寺运用了东山的山坡地形作为依靠，占地宽广，总共分为上下两层。下层有水池庭园、方丈以及开山堂，上层有"灵屋"以及两间著名的茶室"伞亭"与"时雨亭"。在整个立体空间中，南边的竹林部分建造了类似回游式庭园的回游步道，不过我想这应该不是早期的原始结构。

高台寺在特定期间会有灯光秀，灯光效果下的水池周边风景非常值得造访。

在春天樱花绽放的期间以及秋季枫叶飘红的时节，京都各地的寺院都会举行期间限定的"夜间拜观"，在庭园中也会开展灯光秀。

在举行"夜间拜观"的各家寺院中，高台寺的夜间景色最值得一看。这里的景色最适合在灯光下欣赏，如

---

4 供奉牌位的寺院。

镜一般光滑的水面与灯光的效果相辅相成。种植于对岸斜坡的树木在水池上方伸展枝桠，经过灯光的照射，其影像完完整整地倒映在水面上。

这幅景色宛如水中的另一个世界，就像电影《奥尔菲》呈现的镜中冥界，美得让人害怕。现实世界的花草枫叶就已经很美了，但是美丽的景观在此处的水底深处更发展成另一个虚像世界，加上水的神奇效果，让人仿佛看见彼岸世界，体会到那个世界的美感。

第十一章　借景

　　引入自己土地以外的景观来营造风景的手法被称为"借景"，正如字面意思，把"景"借过来。在日本庭园中，这种手法被广泛运用。例如，将所在位置可以看到的山景等巧妙地纳入庭园的构成要素中。

　　这种手法的起源可以追溯到很久以前，将远处的山作为御神体（神依附的物体）来建造的神社。通过借用外部景观，庭园的意义会随之改变，因此这种手法具有很大的意义。本章将介绍一些运用了借景的庭园。

借景庭园

圆通寺——创造出远景、中景、近景的风景

讲到京都的借景庭园，我的脑海立即浮现这座美丽的庭园。圆通寺是我最喜欢的寺院之一，庭园中有石头与青苔构成的近景，树墙与其后一片树林构成的中景，最后还有眺望整片岩仓时映入眼帘的比叡山所构成的远景。

树墙处的五棵高大杉树成为整片景色的重点，让视线仿佛透过窗户的中景一般，远远望向远处的风景。

近景是满布青苔的石头庭园，宁静而沉稳。眼前的空间没有太强烈的物体，气氛祥和，与借景而来的比叡山形成一种对比的张力。在老照片中，杉树的数量比现

圆通寺的庭园和借景的比叡山

圆通寺·从室内向外看到的风景

在多了十几棵，不过今日的数量恰好得以清楚看见比叡山，画面也比以前更具平衡感。

若从室内深处观赏这座借景庭园，景观则显得更有韵味。室内的柱子与庭园的五棵树木形成了内外的共同要素，让室内与室外的气氛呈现相同的调性，而且也制造出前文介绍过的"从微暗空间望向明亮庭园"的那种效果。

五棵树像画框一般，将中景的树木与远景的比叡山框了起来，而框架内远景与近景之间的距离，造成了"间"的效果。垂直延伸的五棵树木将远景分割切开，有别于只是单纯地望向比叡山，创造出不同的风味。若在相同的一片景色中添加了某种元素，就能让平凡的风景顿时充满张力。在这座庭园里，五棵树木正扮演着这样的角色，制造出"间"的效果。

近来观赏庭园时，我感觉中景的部分与往昔似乎出现极大的差异。尤其看过了修学院的庭园后,我觉得圆通寺的杉树后方本来应该没有那么多树木。此处的原始构图应是树墙后方是稻田,一片田园风景后方才接着比叡山。原始的景观,正因为农村的景色而显得出色。然而,今日这片中景内若少了树木,庭园的景色就无法成立,因为这些树木的效果就是将附近显得乏味的房子遮掩起来。

以前我想过,若中景里有够多的树木,这幅景色应该更加出色。我曾为了欣赏圆通寺的借景景色,特地选了个风势强大的日子前往,心想这样的天候应该能将比叡山看得更清楚。果然,那一次我清楚地眺望到比叡山,而且发现中景的树木具有出乎意料的装饰效果。

远景是在强风之中屹立不动的比叡山,加上近景的树墙与苔庭,整个画面就只有中景的树木正随风摇摆。这样的风景真的太有趣了,就像在一幅静态绘画中看到一部分动态的景色。我造访此处前,就曾想过或许可以通过这样的方式观赏景致。当然,这种欣赏角度与造园设计者的意图相左,却让我发现新的魅力所在,而这也是有生命的艺术——庭园——才能拥有的效果。

正传寺——赏月的寺院

在借景上与圆通寺齐名的场所还有正传寺。这里的借景也是比叡山，庭园则以经过修剪的皋月杜鹃取代石头堆作为点缀。此处的借景不像圆通寺那样，从树木构成的窗框中欣赏气势磅礴的山景，这里的景色是一片开阔的风景。

　　庭园尽头的边界是这座庭园的泥土墙，其位于低处，所以不会干扰到远眺的视线。寺院内，保留着伏见城战役的历史见证"血天井"[1]，与之相反，寺院外的这片庭园则显得祥和宁静。取代石头堆摆饰的皋月杜鹃被修剪成圆弧状，让庭园显得更为柔和，墙外的树木仍保留着大自然的气息。或许因为墙外景色与庭园景观格格不入，

正传寺赏月

1　伏见城战役中，德川家康的家臣鸟居元忠等人死守伏见城，但最终战败失城。鸟居元忠与家臣们自杀后所留下的血迹斑斑的地板，如今贴在京都各寺院的天花板上被人供养。

所以造园者才筑起了泥土墙，在墙的内侧营造出一个不同的世界。但整体上，墙内与墙外空间看起来仿佛一气呵成。

我一直认为，若能在庭园东边开阔的天空下赏月，景色应该十分美丽动人。在偶然的机缘下，寺院住持给了我一次在此赏月的机会，让我得以和朋友们观赏到庭园的月景，那场面果真动人极了。

那一天的月亮比我想象的还小，而且月亮升起的位置也比我预期得更偏北方。因为只在白天造访过这座庭园，自己胡乱想象的月夜果然与事实大不相同。半遮半掩于云后的月亮与比叡山形成了绝佳的对比，假如能提出更奢侈的要求，我真希望山顶上的那些人工照明可以消失。

无邻庵——与东山相连的风景

京都最有名的借景景点就是比叡山，但是在冈崎南禅寺一带的豪宅区，最常用的借景则是东山。这一带至今仍然保留有过去名人所居住的各种巨大宅邸，包括清风庄（西园寺公望）、对龙山庄（市田弥一郎）、碧云庄（野村德七）、织宝苑（从冢本与三次到岩崎小弥太）、有芳园（住友吉左卫门）、洛翠庄园（藤田小太郎）、环水园（原弥兵卫）以及真真庵（染谷宽治）的大型宅邸。

大部分的宅邸都是私人产业并不开放参观，其中可

无邻庵·隔着庭园眺望东山

以参观的包括明治、大正时期政治家山形有朋的别墅无
邻庵。这座庭园出自"植治流"的小川治兵卫之手，他
被视为近代造园的先驱。这座庭园距今约 110 年，目前
由京都市政府负责维护，管理得还算不错。南禅寺周边
也有许多非公开的"植治流"庭园，相较之下，无邻庵
的管理显得尤其完善。这种种植草皮的日本庭园虽然看
似有些违和，但在明治时代，草皮也是营造庭园会被选
用的素材之一吧！

　　无邻庵是一座别墅（住宅），因此庭园的观赏角度来
自母屋[2]。琵琶湖疏水水道的水从远处流向庭园前方，丰
沛的水量让人忘却这座庭园其实位于城市之中。在景观
的设计上，水流仿佛为了空间的深远效果刻意安排流向
东山，而庭园内的草木也与借景而来的东山连成一线。
这片风景涵盖了近在眼前的东山，而且这一带都是低矮

2　生活的居住空间。

的建筑，所以如今由此处眺望的东山景色应该与明治时期一模一样。

圆山公园——借景的公园

圆山公园应该是京都最知名的公园吧！一来公园的垂枝樱名声远播，是赏樱名胜，所以到了春天赏花季节能吸引到非常多游人。二来这座公园位于八坂神社的后方，因此也经常充满参拜神社或到东山散步的人。圆山公园位于东山山麓，其中的树木与自然的山景连成一片，让人难以判断公园的树林究竟有多大。往东边走还有料亭等空间，以及知恩院的梵钟。公园其实根本不需任何借景，因为其本身就与东山合为一体了。

与奈良的三笠山（若草山）连为一体的奈良公园与

圆山公园和东山

此处很类似，这种难以分辨公园边际的景观让人感觉非常舒服，仿佛被无边无际的大自然空间环抱着。而东京的日比谷公园虽然也相当宽广，但是边界明显，就没有如此无边无际的巨大魅力。

圆山公园充满着我的儿时回忆，它不只是座公园，感觉更接近庭园。这座公园像是一座介于兼六园或后乐园这类大名庭园以及一般公园之间的庭园。事实上，这座公园与无邻庵相同，都是出自小川治兵卫的手笔，这里应该也是这位专门设计个人庭园的造园家首座公共设施的作品。

圆山公园还有个值得一提的优点，那就是公园与周遭的各种场所之间并未设置围篱，有机地把各种空间串连在一起。公园与八坂神社、知恩院、料亭之间的边界模糊，很自然地连接在一起，这也是其魅力之一。

修学院离宫——借景天空的庭园

修学院离宫与桂离宫都是当年的皇室别墅，因为处于山中，所以借用周围景观的做法随处可见。位于最高点的"上御茶屋"是最大的瞭望台，可以在此看见各式各样的风景。

从这里可以将山上的邻云亭到西南方的京都街景、远处的男山，甚至大阪方向的景色尽收眼底。若继续远

修学院离官・来自上御茶屋，旁边的云亭

上御茶屋・西滨的风景

眺，还可以看见西北方的岩仓。西南方的景色是都市，过去应该比现在显得更为朴素。眼前还有大片的田园景色，上御茶屋应该就是借景此处的农村吧！远景是有一定距离的城市景色，中景则是周围的田园风景，并与前方的庭园连成一片，而近景，当然就是庭园内的风景了。

位于上御茶屋的水池，是因原来的河流建坝而形成的。由于位于山腰，从下往上望时，便可以感受到当时工程的浩大。水池旁堤坝般的土木结构物被一片植物覆盖，又被修剪成一处巨大的造型。不过在庭园内，完全感受不到这片造型林木的存在，看起来就像一排沿着庭园道路、经过修剪的低矮树木而已。

因为山腰的这座水池，从上御茶屋向外眺望时，视线会先跨越庭园内的山边，望向水池，之后映入眼帘的才是一幅有着大片蓝天以及对岸树木的景色。如此风景，也只有此处才观赏得到。这幅风景好似空中花园，因为建造了一座人工的水池，使得水池的对岸像悬崖一般，若继续往前望，则会看到一大片天空。这种宛如浮在半空中的景观，可以说是向天空借景得来。而且这样的光景在水中还能形成倒影，创造出修学院中最让人印象深刻的风景。

天龙寺——借景岚山的庭园

天龙寺位于嵯峨野，是一座足以与大觉寺媲美的大寺院。这座寺院的起源据说是为了祭祀在不得志中过世的后醍醐天皇，为此，足利尊氏 [3] 迎接梦窗国师 [4] 担任寺院创设的开山始祖，在借景岚山的龟山离宫设置了禅寺。

---

3 协助后醍醐天皇对抗镰仓幕府，被天皇视为倒幕的第一功臣。
4 日本镰仓时代末期到南北朝、室町时代初期临济宗的禅僧，曾经担任七代皇帝的国师。

天龙寺·曹源池庭园

因为这是一座禅宗的大寺院，所以前往寺院的参道途中有许多塔头，左边则可眺望岚山的自然景色。参道的路径朝着远处的库里笔直延伸，沿路景色诉说着寺院的宏伟规模。天龙寺最吸引人之处应该是方丈以及其前方的宽广庭园。庭园背后的区域，光是寺院境内的面积就已显得相当广阔，再加上外部连接的岚山，视野更是辽阔。这里被称作"曹源池庭园"，现在人们得以进入参观，但是早前，访客不得踏入方丈的前方部分，只能从堂内眺望这座借景岚山的庭园。

不过，也因为开放参观，游人会在这一座拥有借景的美丽庭园中来回穿行。从观赏者的角度来看，这确实有些扫兴，而且位于北边的步道也因此整理得又宽又大，难免让人感叹今不如昔。这情景就像把一座优雅的大名庭园，改成了专供观光客游玩的日本庭园一样。

拓宽的步道让我怀念起庭园景色过去的呈现方式，

而这个改变，也让我们再也无法体验到这座庭园原本的空间张力。这或许是为了应对出现众多观光客的情况而不得不如此改变，但倘若保留原来的"呈现方式"，让访客体验空间之美，那样不是更为高明吗？对于这座庭园，我深感惋惜不已。

鹿王院——数百年维持不变的借景

鹿王院是位于嵯峨野的一处偏僻寺院，也是我喜爱的地点之一。尽管位于嵯峨野，还是离观光景点有些距离，至今仍然维持着寂静的气氛。正因如此，我一直不太愿意公开介绍这个地方。

鹿王院里于青苔中延伸的细长步道让人印象深刻，

鹿王院庭园·面向岚山

最值得一看的景点是能够远眺深处佛殿，同时又将背后山景收入眼底的方丈前庭园。在借景西边岚山的庭园中央，耸立着一座佛殿。

此处最值得一提的是，尽管寺院被住宅区环绕，但是站在庭园里却见不到任何现代景物（电线杆、电线）。因此，这里所见的景色很可能仍然维持着数百年前的风貌。这样的感动或许算不上什么，但是对今日的京都而言，如此景色其实十分宝贵。

鹿王院的庭园是一座枯山水庭园，不过没有一般石庭铺满石头的紧张感，尽管也有三尊石之类的石堆与遥拜石，但除此以外几乎都是长满青苔的平地。我想庭园最初应该不是设计成这般模样，不过今日庭园的冷清气氛与借景的山峦早已融成一片，充满着悠闲与时光悠远的气息。在这片风景中，每个人的感受恐怕因人而异，但这个地方的确可以提供给人们一段远离日常生活的宝贵时光。

真如堂——遥望大文字山

这座寺院的正式名称为真正极乐寺，位于吉田山东边，在东面开阔的庭园中可以仰望大文字山。寺院中的枯山水"涅盘庭园"呈现出东山三十六峰的景色。虽然是一座现代造园的庭园，但是气氛十分宜人。这座庭园耗费相当的年月才完成，有一些现代庭园常见的活泼场

真如堂的庭园和大文字山

所。当然，庭园有一些部分过于新颖，让人莫无可奈何，必须等候时间的"风化"让自然造型产生韵味。不过这座庭园可能托石头的"表情"之赐，已经产生了一点历经风霜的感觉。

真如堂不只借景东山，同时也以东山为题材。虽然呈现的东山景色仿佛在叙述另外一座东山，却没有丝毫的违和感。眼前的白砂营造出位于海之遥远彼岸的理想国，景色与东山十分相似。

这座庭园和圆通寺相同，在遮掩"中景"上花费了一番心思。深处的植栽墙呈现山峦那峰峰相连的起伏景象，但是这番设计并非完全为了庭园，有一部分原因是为降低与邻近住宅之间的气氛落差，因此利用树木达到遮蔽的效果。

这座庭园借景大文字山，因此站在庭园里，就会忍不住在脑海描绘出大文字山"大"字篝火的景象。

失去借景的庭园

运用借景手法设计的庭园，随着近代化、都市化的脚步渐渐失去了借景的要素，这种情形在京都屡见不鲜。每当我来到这类场所时，总忍不住想象过往的景象，而这或许也是另一种鉴赏庭园的方法。因此在本节中，将介绍一些再也见不到当初"借用风景"的古老借景庭园。

等持院——往昔"山中住宅"的形象

这座庭园以前借用的是衣笠山的景色，而今日等持院的北侧则是立命馆大学的建筑，衣笠山的景色只剩一角。虽然近旁就是建筑物，但是依然可以一窥山景，可以想见当年借山为景时，山的意义有多么重要。

借景是为了引用外面的风景，让庭园给人更多的想象，创造出更宽广的世界。早期的等持院庭园，想必见不到今日的茶室与清涟亭背后的树木，周遭应该都是一些更低矮的结构物才是。

本章的主旨不在于探索庭园原先的空间意义，而是希望在时空转变的今日，介绍庭园中还有哪些美景。但

等持院·芙蓉池庭和衣笠山

若真要追溯从前，早先的借景仍然存在的话，当年筑山上的茶室会比今天更洋溢着山中住宅的气氛吧！今日的庭园仿佛是一个小世界中有趣的微小宇宙，但可以想见在造园之时，这种微小宇宙的感觉会存在于更为宽阔的空间中吧！

大德寺·真珠庵——变动中的美

　　第一次造访真珠庵时，我还是个大学生。当年寺院的人为我们解说，一行人来到方丈的东庭时，解说员告诉我们，过去可以从这里清楚地看见东山。但是当时我们眼中只有树木，完全看不见东山的模样。通过解说，我才知道这座庭园的设计也曾运用了借景的手法。不过解说员也告诉我们，尽管借景早已被树木遮蔽，但是清

真珠庵·方丈东庭

早抬头仰望时，在此可以看见阳光透过树叶闪烁、落下，景象非常美丽可爱。不知道是什么缘故，当时对话的场景仍然历历在目。

今天的我常常在想，或许庭园就应该如此，随着时间的流转在每个当下产生新的美感。我们未必需要留住庭园当初的样貌，对庭园来说，跟随大自然一起改变才是最好的方式。

真珠庵的方丈东庭是一座铺满小石头、窄窄的场所，因为石堆以七、五、三的数目排列构成，所以又被称作"七五三庭园"。由于庭园较为低矮，观赏时可以坐在屋檐前眺望。石堆后有双排的植栽围篱，据说往昔的围篱后方没有任何遮蔽，开阔到可以直接望见比叡山。

从"被借景"的场所看京都

京都位于群山环绕的盆地当中，庭园设计经常运用取景大自然的"借景"手法，毕竟若位于一片平坦的平原之上，就没有什么景可以借用了。这一节要换个角度，从"被借景"的位置反向观赏借景之处的风景。一般而言，一个地方能作为借景，应该就代表从该处可以一览无遗京都的市区。大文字山、东山等都是可以近距离望见京都市街的地方，提供了相当宝贵的视角。

将军冢——将都市作为借景

这里位于东山三十六峰约莫中间的位置。"将军冢"这个名称，源自于建造平安京时，此处埋了一座穿着甲胄的将军像以保护京城。此处有青莲院大门遗址的大日堂，这也是我当年住在京都时非常喜爱的一个地点。

尽管接近市区，但是这里的公共交通却极为不便，罕见游客的踪影。在大日堂的庭园中，能随着四季变换眺望京都市区的景观变化，有别于一般由下仰望的角度。从某种程度来说，大日堂庭园采用了借景都市、让庭园更开阔的做法，同时也是一座浮在都市上方的庭园，市区街道的景色近在脚边。

将军冢·青莲院大日堂庭园

　　我小时候，约四十多年前曾经来过此处，可惜当年的风景已经不复记忆中的样子。今日的市区街景已经大楼林立，但当时应该都是顶着瓦片屋顶的低矮建筑。

　　对儿时的我来说，当时的景色可能太过平凡（在今日则非常宝贵），所以并没有留下深刻的印象。其实风景、景观在我们平日的眼中，就像空气一样，是理所当然的事物。唯有当美丽的景色遭到污染或消失，我们才会惊醒，突然发觉这些景色之珍贵。

　　现在每当我来到此地，总要想象过去从这里可以望见什么样的景色，思考着景物漫长的变迁。以前，应该见到的是一片密密麻麻的瓦片屋顶吧！我的想象有时也会乘着时光机，去到更久远以前的时代。若京都的源头始于平安京的建造，我真想跨越时空，看看平安时代的此处是什么样的景致。

从大文字山眺望市区

大文字山——近在咫尺的都市风景

以"大"字篝火闻名的大文字山，是在京都市区任何地点都可以望见的景色。既然随处可见大文字山，从山上当然也能将市区一览无遗。银阁寺旁有一条步道直通山上，我第一次来到这座山的"大"字所在地时，对于该处的景观大吃一惊。市区街道就在陡峭的斜坡下延展开，我不曾预料到竟然可以近在咫尺地看着一座城市。

置身于景观丰富的大自然中眺望市区，这感觉和从大都市摩天大楼看去完全不同。

脚下踏着泥土地，户外空间的近旁就是自然的斜坡。在百分之百的大自然中近距离观赏人工的城市，这之间的反差给人奇妙的感觉，同时也能更近距离地看见自己居住的城市。

第十二章

水墨画的世界

　　以前我有很多机会从东京前往新潟·六日町，那里的景色至今仍然鲜明地留在我的记忆中。那段时间的旅行让我体会到，就像过去人们所说的"表日本"和"里日本"一样，位于日本列岛中央的山脉，使得南北两地的差异如此显著。

　　这种差异在冬季尤为明显。当我从晴空万里的东京出发，向北行进时，穿越川端康成笔下那长长的国境隧道后，景色顿时完全改变。隧道的另一端便是雪国，就像怀着一种，从完全没有下雪的世界骤然降临到另一个截然不同的世界的感觉，然后抵达越后汤泽车站。

　　从那里前往六日町需要乘坐上越线电车。我坐在几节车厢组成的列车上，雪掩盖了远处的景色，电车在什么都看不见的世界中前行。偶尔在雪的间隙中，隐约露出了对面村落的景象。在一片白茫茫中，房屋仅凭阴影隐约展现出远近的距离感，形成了一幅美丽的单色风景。我多次经过那里，从未觉得那样美过，也可能是因为雪的缘故构成了一瞬间的景象，至今在我脑海中留下了深刻的印象。

　　还有一次，在滋贺县湖西行驶的电车上，我被窗外的全是瓦片屋顶的村落所吸引。呼啸而过的电车上，在看到那全部由黑瓦构成的村落景象的瞬间，我不禁屏住了呼吸。

　　似乎即使街道聚集着各式各样的风貌，只要拥有一些像是"地"的共通元素，就会显得格外美丽。那共通元素可以是由雪创造的单色风景，又或是由黑瓦形成的景象。

走在不同的古老的村落里，我常有一种感觉。现代都市缺乏这种共通元素，这可能是许多日本城市不再美丽的原因之一。都市中充斥着各种材料与色彩，其中或许有让人感到惊艳的风景，但是无法带来感动，实在是有些悲哀。

走在京都的街上，偶尔会在街角发现几栋具有共通元素的房屋。它们是有着瓦屋顶、白墙、木组结构和赭红色格子的建筑群。

每当遇见这样的风景，我总是会非常开心。这使我开始思考自己为何会被这种街景吸引，我发现是因为自己对经过时间沉淀的事物有一种深深的眷恋。而这种情感源自那些如今难以见到的"古老而美丽的材料"。现代建筑多由新材料建造，这些材料在时间的流逝中很难展现美感。而历史上使用的自然材料则在岁月的洗礼中愈发美丽和富有韵味。

本章将介绍一些这样的例子，包括某个地区的街景，或是建筑单体。其中有些地方已经被开发成旅游景点，但即便如此，依然能让人体会到在现代都市中难以找到的某种感觉。

京都的传统建筑物群保存地区

　　为了保留传统的街道，京都市有四个地区被列为传统建筑物群保存地区（传建地区），每区各有风情，周边的环境也酝酿着独特的气氛。以前整个京都市区都是这般景色，但今天却必须通过保存行动才得以延续风景。这些场所就像濒临灭绝红皮书中所记载的物种一样，早已成为天然纪念物了。

　　在偶然的机会下，我找到一张四十多年前（1968年左右）从京都车站上空拍摄的京都街景照片。这张照片让我大吃一惊，原来那时候的京都还布满着低矮的木造建筑。其中当然也有七八层楼高的大楼，但是也仅限于四条通等闹市区的一小部分而已。当我知道自己十岁左右时的京都还是这般景象，再看看京都现在的样貌，感叹这四五十年来的变化实在太不寻常了。

　　"比日本人更像日本人"的美国东洋文化研究学者亚历克斯·亚瑟·克尔（Alex Arthur Kerr），在其著作《美丽日本的残像》的最后一章中写道："往昔的美好终将消失吧！尽管如此，我非常幸福。我有幸能亲眼见到美丽日本最后的光辉。"

　　我也见到他所说的——日本街道与自然美景的消失，并且受到很大的震撼。正如他书中所描述，日本传统的街道、乡村以及大自然之"美"，在这几十年中，丧失了大半。

　　尽管如此，日本街道中昔日可见的"木造之美"，也有部分得到改建与传承。我想有朝一日，日本之美仍有复活的可能。

　　京都市内硕果仅存的这些地区、街道，就像日本各地残存的历史性街道聚落一样，都拥有一种"统一感"，拥有相同调性的面貌。我把这样的街景称作"单色调"景色。所谓的单色调并不是街景呈现灰色的意思，而是整幅风景拥有相同的色彩、素材，通过共同的元素构成一致的调性。本节就要介绍这类的街道。

祇园·新桥
——石板路、白川、枝条垂柳、连续的町家

　　京都的街区中，祇园新桥是特别知名的地区。沿着白川，两侧的街景依然保留着昔日的光景。事实上，有些建筑只剩门面留着过去的面貌，内部早已改为水泥建筑，不过光从街道外观也看不出这种改建。

　　凡是以京都为舞台的电视剧，就一定会出现祇园新桥一带的景色，因为此处完全符合人们对京都的想象。然而，现在能作为戏剧场景的地点其实极为有限，能呈现京都气氛的空间不多，有时只能限定在某个场所，甚至只能从特定角度拍摄，否则就会"漏气"。说起来，这

祗园·新桥的街道

种可供剧组拍摄的街景就很像舞台剧的大道具，但即使如此，也足以让人体会到京都的古老气氛了。

此处的建筑形式是京都的代表建筑"町家"，置身其中，可以稍微体会古代京都的街道景象。其中最常见的，是专门提供餐饮、被称作"茶屋"的地方，而非一般庶民生活的场所。这里的建筑物几乎都属于"切妻造""平入"形式的两层楼建筑，屋顶则由"栈瓦葺"的瓦片构成。一楼门面由木格子构造，二楼是坐席，正面则有竹帘子。正因为整条街都存在这类共通元素，所以今天仍然保留着茶屋町沉稳的气氛，而且既然被指定为传统建筑物群保存地区，也见不到任何现代风格的建筑。

我之所以深深被这个街区吸引，并非因为一份怀古风情，而是这里除了调性一致外，整个地区的设计都非常细致。街道上只有木造建筑，规模、设计都由木材这个单一元素组建而成，罕见其他元素破坏整体的氛围。

而且这条街道本身就是经营茶屋的地区，这一种共同体的感觉更能延续街道的气氛。

石塀小路、二年坂、产宁坂（三年坂）
——石板路、坡道、石阶

这段路其实是我初、高中时代放学回家的路线，当时会搭公交车在祇园站下车，然后穿过这一带，悠闲地散步回家。以方位来说，从北边的祇园、八坂神社与圆山公园，一直到南边的清水寺、五条坂，这里有许多车辆难以到达的小路，只许行人通行。

在欧洲，人车共享的道路称作"Woonerf"（荷兰语是"生活庭园"的意思），设计成蛇行曲折的形状，刻意让车辆减速。这样的做法是为了对抗汽车占据道路的强势，企图恢复行人的路权，有些设计甚至将车辆赶出了街道。

"Woonerf"的概念也陆续传到了日本，我想日本不妨设置更多以行人为主体的道路，尤其在适合步行观光的京都。在日本找不到如广场这类欧洲常见的公共空间，只有街道能扮演类似广场的角色。不过，街道只要到了固定时间就会让车辆通行，等同剥夺了大众沟通的空间。

从这个角度来看，东山这一带就有些以行人为主的道路。走在这样的道路上，心情会比较放松，随着时间流动仿佛脚步也跟着放慢，人与人之间也更容易沟通了。在这类道路上行人放慢了脚步，我想这才是应有的步调。

在我的认知中，"环境设计"不仅指构成街道的建筑、一些充满个性的造型物摆设而已。街道更是一个连续的空间，各项造型物（建筑等）也应配合整体的环境配置。而建筑物不该只在个人或个别的领域彰显自己，亦需考虑整体的空间气氛，是否能与整体空间融为一体。在一个人群聚集、共同居住的城市里，若个别建筑只忙着彰显自己，必然导致整体空间调性的混乱。

当然，我不是说个别建筑必须低调得不带任何特色，而是指建筑必须具备共同的地标性象征要素，例如东山一带的"八坂塔"就有这种意味。

从北边来到这个地区，会走过圆山公园南边的西行庵、有茅葺屋顶的芭蕉堂，再走过今日称为"宁宁之道"的石板路（往西是"石塀小路"），最后到达高台寺。从

高台寺前的"宁宁之道"

石塀小路

二年坂一带

高台寺到清水寺沿途有整排的土产店，不过此处被指定为"传统建筑物群保存地区"，所以历史景观得以保存下来。新建筑也都依街道原有的调性兴建，因此整体仍维持着和谐的氛围，而观光客也络绎不绝。

我个人偏好以前人影稀疏、土产店零零星星的气氛，但是现在也由不得我说东道西了。一到观光旺季，这一带人山人海，所以不妨挑选淡季的时候，或利用清早与黄昏的时间造访此处，感受这一带原有的气氛。

嵯峨 · 鸟居本——山边的街道

嵯峨鸟居本的街道从祇王寺的后面展开，这一段路

嵯峨·鸟居本的街道景观

有一座以众多石佛闻名的化野念寺。此处原是以农林业维生的农家村落，后来因为许多信众前往爱宕山参拜，便逐渐发展成一个门前町[1]。

　　过去，这里沿途有不少茶店等商店，是当时的观光景点，为从事农林业的聚落添加了观光的要素，所以这一带既有农村的民家景观，也有都市的町家风景。这一点在从屋顶的构造来看尤其清楚，茅（草秆等）葺屋顶与瓦片屋顶在村落中共存，这样的气氛一直保留至今。这片街道的共同元素，应该就是瓦片屋顶、白色墙壁以及泛黑的木头吧！

　　虽然有些农村民家风格的茅葺屋顶依然残存，但是大部分的屋顶都已改用瓦片，于是"瓦"就成了整条街的共同元素。和市街的"传统建筑物群保存地区"相比，

1　在寺庙、神社等宗教建筑周边形成的街市、聚落。

这里的行人稀少，更适合悠闲地散步。

虽然这一带的景色与本节主题稍有出入，但是这条街道的魅力则在于道路的前后相连。坡道构成的道路随着街区的自然地形起起伏伏，因此街道并非一条直线，而是沿着地形弯折，无法一眼看穿。这种造型也曾在"向深远处"一章（第四章）介绍过，由于看不到底，更让人对前方延展出去的空间产生想象，增添了行走其间的乐趣。此外，这条路也连接到爱宕神社"一之鸟居"所在的平野屋一带。

上贺茂·社家町——有水道与桥的街道

上贺茂神社前的街道称作社家町，过去是神社神官们居住的地区。社家町仍然保留着当年的气氛，现在已经被指定为"传统建筑物群保存地区"。

社家町呈现的单色调景观来自瓦片屋顶与土墙。面向街道的部分是一层或两层高的低矮建筑，而住宅对面的空间有沿着街道流动的河流，所以比一般的道路显得更加空旷。此外，土墙作为面向河流的建筑结构部分，其下方都由石头堆叠构成，也是连续性街景成立的要素之一。除了住宅的结构具有共同点外，流经的河水更为面向街道的地区创造了另一项共同元素。

沿路有河流，所以在河流交界处兴建的结构物是土

上賀茂·社家町

墙而非住宅，而土墙之内有庭园，面向河流的土墙高度约有一层楼高。另外，河流水面上（接近墙面地基处）的桥梁以石桥为主，有些还加上适度的植栽，这些共通性大都来自当地的自然特性。

　　前文提过，此处的社家町原是神社神官们的居住区，居民们拥有相近的价值观。我想，这也是构成这条街区共通性的因素之一。

寺院境内与其周边

大德寺、妙心寺境内——古代的都市景观

　　大德寺或妙心寺等巨大禅寺，除了拥有主要的中心

妙心寺境内

大德寺境内

寺院外，还有其他塔头等小寺院，可说是寺院的集合体。东福寺、建仁寺、相国寺等京都其他禅宗寺院也都具有相同的规模。所谓的塔头，原本是祖师、高僧过世以后，其弟子思慕师父之德行而在院区兴建的小寺院。

后来，塔头也有了自己的施主与寺院领地，由门人弟子代代继承。这样的转变，推测是受到镰仓时期才传入的禅宗寺院的影响。禅宗在武士的时代传入日本，不像早先的宗教能得到朝廷或贵族的庇护，禅宗寺院必须力图争取新生势力武家的保护。此外，有些武家分布在京都以外的地区，他们需要在都城里设立据点，而塔头就能扮演这样的角色，相对地，武家也能因此提供庇护寺院的作用。

今日我们看见的巨大寺院，就像塔头群聚的寺院集合区一般，内里本身宛如一座古代的城市，整个空间充满了古代的街道气氛。相较于大德寺，这种气氛在妙心寺中给人更强烈的印象。寺院境内的建材都带有共同点，建物都由瓦片屋顶、木造骨架、白墙与土墙组成，再加上石板路串接其中。

在这类寺院中，由树木等自然风景、瓦片等素材建构出的建筑群真是美不胜收，境内的气氛仿佛可以带着人们回到过去进行一趟时光之旅，感觉非常舒服。

今宫神社与神社门前——神社与其门前创造出的空间

位于大德寺北边的今宫神社境内依然保留着昔日的景色，因此常见古装剧的外景小组前来取景拍摄。我在读高中时，就曾经在此遇见过拍摄现场。

今宫神社据说是在 10 世纪末，为了向船冈山祭祀瘟神而兴建。每年四月的第二个星期日会在此举行的"夜

今宫神社门前的风景

须礼（Yasurai）祭"，与"太秦的牛祭""鞍马的火祭"
并称为京都三大奇祭。

　　神社境内至今仍然充满着过去的气氛，甚至东边神
社大门前的茶店一带也还是老样子。两家提供知名"烤
饼（Aburi-mochi）"的店家隔街相望，更留住了昔日的
景象。两家饼店"一和"与"KAZARIYA"让这段路总
是弥漫着烤饼的炭火香与烟雾。每当走过如往日一般隔
街相望的这两家时，我总会忍不住受到叫卖声的吸引，
步入其中一家店。

　　我原以为京都有不少神社与神社门前共同组成的历
史性景观，但这样的风景其实越来越难见到了。幸而这
里除了神社本身，神社周边的空间也依然保留如往昔，
让我们有机会亲身体验。

瓦片屋顶营造出的风景

瓦片是日本自古有之的建材，其深灰色与银色雾面的质感创造出独特的韵味。即使在充斥各种建材的现代都市里，让我惊艳的景色也通常带有瓦片。瓦片在阳光的照射下会产生阴影，近距离观看时，整片带着阴影的屋顶极为美丽。而远距离观赏时，细致的质感又会呈现出另一种魅力。瓦片屋顶一旦构成整片聚落，层层叠叠的景象更扩大了美感的力量。本节将介绍瓦片构成的风景，同时仿效"都市风景"这个词汇另创新词"屋顶风景"，以介绍瓦片屋顶建构出的美景。

西阵——织物街的"屋顶风景"

"西阵"指的是从东边的堀川通到西边的七本松通、北边的鞍马口通到南边的中立卖通一带的地区，不过地址上其实没有"西阵"这个地名，而且也没有起于何处、止于何处的明确范围界定。"西阵"这个名称起源于应仁之乱，当时的西军总大将——山名宗全在堀川以西的地方摆阵。

在应仁之乱以前，这一带就是织物业者聚集的地区，至今仍然是织品"西阵织"的产地。我就读的初、高中

西阵·知惠光院通附近屋顶坡度一致的街道

也在这附近，当时虽然很熟悉这一带的气氛，但并未特别注意到街景的特色。我想，大概是因为此处的景观在当时随处可见，所以才未多加注意吧！

这一带仍然保留着许多木造建筑，其屋顶的造型尤其吸引我的注意。最先关注的是倾斜角度一致的屋顶，这让这个街区形成一个共同体。我想，正由于这种共同体的意识，整片街区才得以塑造出美丽的景观。此外，包含寺院在内，各种瓦片屋顶的造型还创造出以其为共同素材的街道景观，让都市空间充满了活力。

大约十年前，我对这片街区产生兴趣而进行过调查，因此也理解了织物街的状况。西阵一直以来都是织物街，街上包括了从业人员的住宅。当初织物行业景气时，这一带便形成了西阵的街区，但随着织物行业衰退，织物街也出现越来越多空屋，有些甚至直接出售。今日，出

西阵·瓦片屋顶村落创造的景观

售的空屋已改建为公寓，改变了这片街区的气氛。

那时我曾经想过，对于历代居住在这条街上的人们
而言，不断更新的周边应是理所当然的常态，所以当地
居民并无特别的意识要保存过去的景观。相对于西阵当
地居民的态度，许多外来者很珍惜西阵充满人情味的人
文景观，认为比起其他水泥建筑充斥的城市，西阵更为
迷人，也希望到此居住。

在西阵，还有许多屋主仍保有空房子不愿出售，于
是在这种情况下，便产生一种专门的中介组织，帮希望
居住在"町家"的人与当地屋主牵线。拜这项风潮之赐，
成功的案例虽然为数尚少，但西阵一带的人潮已经开始
回流。从这个境况来看，我想这条街已经出现变化，住
户转变成一群喜欢居住于此的人。或许，让欣赏此处传
统魅力的人居住在此，形成新的聚落，将会是更好的

发展。

　　以前我拜访意大利托斯卡尼的村落时，就曾经因为村落之美深受感动，但同时也明白自己无法居住于此。我察觉那地方的特质与自己之间存有一道鸿沟。一个地方必须有一群对当地传统产生共鸣，并且能与当地融为一体的居民方能成立，置于其中的人不能过度强调个人的特色。面对曾经一度是共同体，但是逐渐分崩离析的现代社会，我的这份感受尤其深刻。

五条坂——陶瓷街的"屋顶风景"

　　这条街是我的故乡，也是一条陶瓷街。我的老家从事陶瓷器的制造，历代一直居住在这条街上。今日陶瓷街的范围从五条坂到南边的日吉、泉涌寺一带，这一带在过去也是工业地区。我猜想桃山时代以后，陶瓷工厂大多位于丰臣秀吉坟墓所在地的阿弥陀峰一带，但煤烟会淹没坟墓，因此陶瓷工厂才迁移到今日五条坂一带。

　　不过，当五条坂逐渐繁荣后，煤烟又成为了问题，于是陶瓷也从这条街上销声匿迹。尽管这是历史的趋势，但我想，这个地方失去象征共同体的"登窑"之后，这条街其实也失去了很重要的部分。

　　我见过许多聚落，感受到如果一个地方具有共同体的意识，其风景就会存在某种秩序。这种共同体意识，

五条坂的屋顶

或许表现为该地区象征着共同命运的工厂。工厂作为符号强化了群体居住的意识，也淡化了展现强烈自我的造型。

存在共同体意识的街道，呈现出一种群体性而非个体性的造型，和现代各自为政的兴建成果相反，这类造型反而更能彰显出个性的魅力。五条坂的屋顶风景中，就有这般散发魅力的景观。正面的马路在第二次世界大战时拓宽为干线道路，但是只要走进小路，依然可见昔日的风情。然而，如此风景在现实生活中还能维持多久呢？这就不得而知了。

结　语

　　最终，我花了将近三年时间才总结出这本书。虽然在与小松先生确定大致方向时进展还算顺利，但之后实际开始写作时，时常忙于日常杂务，一直无法专注写作，拖拖拉拉地，时间就这样过去了。这完全怪我自己太松懈了。现在回想起来，对于小松先生每月询问进度的邮件，我似乎都是在不断找借口回复。

　　不过在写作过程中，我有时会为了确认内容而再次造访，此时不仅有新的发现，还能找到一些不同的主题，某种意义上，我自己也有非常多的收获。当初，从众多关键词中挑选出了十二个主题，并限定在京都选址。实际上，我列举的这些内容在日本其他地区也能看到，所以再次强调一下，这些关键词并不是京都独有的空间设计。只是这些关键词所表达的空间，在京都正好有此体现。

　　此外，当我重新审阅自己所写的内容时，我意识到，我对这些空间的关注和思考方式的根源，很大程度上受到了我研究生时代的恩师稻次敏郎先生的影响。当时也是稻次老师在东京艺术大学的古美术研究旅行中带领着我们。我从与老师的谈话和老师的著作中学到的知识，加上我至今读过的许多关于日本及各种空间的书籍，以及多次实际造访所体会到的空间印象，这些交织在一起，形成了我的思考以及本书的内容。

然而，稻次老师在今年四月去世了，正逢本书最终校对的时期。所以对我个人而言，这本书相当于是献给老师的书。如今已经不能让老师亲自过目，这在我心中留下了一大遗憾……

虽然我尽量按照主题来整理本书，但重读内容时，这可能只是我在抒发对京都如今的历史空间的一些个人想法，还请大家见谅。

最后，我对在整个过程中始终耐心地关注和支持着我的小松现先生，致以深深的谢意。

清水泰博
2009 年春

索引（主要部分）